Empowering Women
Every Woman's Guide to Successful Living

女人的重建

给所有女性成长进化的智慧之书

[美] 露易丝·海 著 萧顺涵 译

浙江教育出版社·杭州

图书在版编目(CIP)数据

女人的重建 / （美）露易丝·海（Louise Hay）著；萧顺涵译. -- 杭州：浙江教育出版社，2020.8

ISBN 978-7-5722-0520-0

Ⅰ. ①女… Ⅱ. ①露… ②萧… Ⅲ. ①女性—成功心理—通俗读物 Ⅳ. ①B848.4-49

中国版本图书馆 CIP 数据核字（2020）第 126315 号

女人的重建
NÜREN DE CHONGJIAN
[美]露易丝·海　著　萧顺涵　译

责任编辑：赵露丹
美术编辑：曾国兴
责任校对：杜　玲
责任印务：陈　沁
出版发行：浙江教育出版社
（杭州市天目山路 40 号 电话：0571-85170300-80928）
印　　刷：天津旭丰源印刷有限公司
开　　本：880mm × 1230mm　1/32
成品尺寸：145mm × 210mm
印　　张：5.5
字　　数：92000
版　　次：2020 年 8 月第 1 版
印　　次：2020 年 8 月第 1 次印刷
标准书号：ISBN 978-7-5722-0520-0
定　　价：48.00 元

新世纪女性宣言

从情绪的成熟面来看，女性正站在生命进化期的最高点。此时此刻，我们的盛况是前所未有的。对我们来说，这是塑造我们命运的理想时期。

此刻，我们的成长将为世界各地的妇女树立新的典范。生命中有许多可能性不是我们所能想象的。

此时此刻，我们所拥有的机会绝非以往的妇女可以企及的。现在，是女性打破自我设限藩篱的时候了！你可以变得远比自己梦想的还好。

关于作者

露易丝·海的生命故事

露易丝·海是一位拥有坎坷童年经历，却为自己创造出不平凡生命奇迹的现代女性。她五岁即遭邻居酒鬼强暴，又在继父长期凌虐之下成长，极度缺乏自尊心及自我价值感，十六岁即当了未婚妈妈，做过许多仆役工作，后来在纽约幸运地成为一位流行时装模特儿。之后嫁给一位优雅的英国绅士，受伤的自尊心因心灵的修持才逐渐恢复，但婚后十四年丈夫另结新欢。近乎崩溃的她在伤心之余，从教会的课程中重新找到生命的主题，成为教会咨询员，并开始旅行演讲及举办课程。但当生活逐渐充满希望与契机时，命运之神仍捉弄她，如晴天霹雳般，她又罹患了癌症。

这时的露易丝才真正踏上自我疗愈之路，她尝试去改变自己的心理模式并化解童年时期内在的深层愤怒与怨恨，借由身心的洗涤与滋养，六个月后癌细胞竟消失了！从与癌共存的这段体验中，她悟到“只要愿意改变思想、信念与行动，疾病是可以疗愈的”，她还领悟到“生命中最大的悲剧，有时似乎会转化成生命中至上的喜乐”。露易丝自此踏上了珍惜生命的新道路，去追寻她认为真正重要的东西。

今日的露易丝是十八本畅销书的作者，经营一家相当成功的出版社，主持工作坊及演讲、著书不辍。而最让人感动的是，她用最深刻的生命体悟及真切的态度，不断传递出“爱自己”“爱生命”的信念，积极投身社会公益活动，组织艾滋病患支持团体，鼓舞了无数人。近年来，她更对女性意识的提升不遗余力地投入，全心全意协助女性活出自我价值。

推荐序

女人，做你自己

你，就是你，就是当你自己，不是当父母的女儿，不是当先生的太太，不是当孩子的妈妈，而是当个完完全全的自己。女人只有真正地当自己，才可能创造出自己的价值，才可能拥有神采飞扬的人生！但是，对大部分的女性来说，她的人生只有“生活”的烦琐，却少有“生命”的精彩；自我的否定与社会的要求，日复一日地持续着，“成功”对女人而言，宛如双手捧着细沙，而细沙从指缝间流泻出来般的不可得；除非女人愿意改变，而且确定可以变得更好、更有方向，此时拥有一份恰到好处的指引，能让你继续往前迈进，活得越来越好！

人从出生就在追求死亡，孤零零地到来，也孤单地离开世上。在这美好的人间，从降临到离去，这数十年的光阴中，难免有挫折与低潮，自己或环境都被套上一份有形的桎梏，长期下来，厚重的盔甲无形地披在女人身上，难以卸下。所以，作者露易丝·海写《女人的重建》，以亲身的经验，提供实际的方法与指南，在追求爱、健康、财富与自我表现等范畴中，清楚地说出她的理念与做法，将关心的层面分为十章，内容大约分为女人与自己、女人与他人、女人与观念三部分：

“女人”，你是自己身体的主人。你是如何看待自己身体的？当女人试图以别人的标准来要求自己的身体时，这是对自己极度的不肯定，更是对自我的破坏。虽然，瘦身、香烟、女性产品都在诉说你不够完美；虽然，你会面临到更年期的彷徨、乳癌的威胁、性的隐私或性骚扰等烦恼；虽然，你需要钱并希望经济独立，却不谙理财之道；虽然，坊间各种健康广告与生活方式，都在影响着你。如果你期待过自然又健康的生活，你需要学习如何与自己相处，如何创造有意义的财富，如何让镜中的影像呈现出快乐与喜悦，请在忙碌的生活中，拨出时间经营自己，培养活得更好的能力，创造自己生命的价值。

“女人”，你可以与别人合作得更好。我经常在演讲的会场上，看到一张张求知的面孔，感受到女性丰沛的爱心、才能与梦想，但是当这些优势与先生的前途或家庭的理想相抵触时，一切的美好都将化为泡沫而消失。若你选择加入成长团体，分享别人的经验，走出自我狭隘的空间，在安全的环境中学习，在成长之余与别人合作，共同关心公共事务，勇于承担，甚至成为优秀的领导者，不但是开发自己，更是造就别人。

“女人”，你爱提问题，却缺乏寻找答案的动力，但是，男人却掌握着答案，以致你长期地成为次等公民、第二性别，男人不能尊重女性，女性亦无法自尊，女人宛如月亮般，依靠着太阳的光源而发光，本身则暗淡无光。过去女性扮演妻子、母亲、女儿的角色，依附在男人的身上生活，但是，时代进步了，现代的女性有更多发展的空间，月亮的柔光与太阳的强光是可以并存的，只要你愿意改变，积极正面地思考与照顾自己，创造自己的自尊与价值，两性就会跨出正确的一大步！

岁月会自指尖流逝，时光、青春皆不能挽留，唯一能留下来的是完整生命的价值，作者已迈向七十大关了，是个成功、强壮、健康的女人，甚至比三四十岁时还年轻，因为她不再感受到顺从某些社会标准的压力，在书中呈现的是她对生命的热爱与对社会的关怀，我能充分感受到作者的生命力与好书的魅力，这本充满着经验与智慧结集的好书，相信能给愿意学习与改变、希望过崭新日子的朋友提供一份生活指南，助你远离阴霾的生活，迎接明日阳光。

黄瑞汝

台湾第十七届十大杰出女青年，读书会种子培训讲师，性教育讲师，电视、专栏、广播编剧，主持人。

前言

本书里有些是我先前的观念，也有些是新近的想法，用以帮助女性朋友开发真正的潜能。我们检视以往的基本理念后，又添加了一些新元素，期望能为未来创造一个坚实的起跑点。身为“有智慧的女人”，是我们能为这个星球做的最棒的一件事。如果女性受到压抑，其实是每一个人的损失。如果女性胜利了，那么我们全部是赢家。

首先，请记住所有的老师都只是成长过程中的踏脚石，包括我在内。我不是一个治疗者，不能治疗任何人。在此是要与你分享不同的想法，帮助你强化自己。我极力主张你多看书，多跟老师们学习，因为没有任何一个人或一套理论能够统摄宇宙万象的所有真理。生命的现象浩瀚无垠，我们无法透彻领略个中奥秘，而且生命会一直成长、扩展，变得越来越丰富。所以，尽量吸收、善用本书中的精髓，再向其他老师请益。持续不断拓展及加深你对生命的了解。

包括你我在内的所有女性，可能从小就饱受羞辱和责骂。我们曾经受到父母和社会的钳制，被要求用一种特定的模式思考、行动，甚至被一大堆教条、规范及挫折压迫来成为一个女人。有些女人非常满足于扮演这个角色，有些女人则不是。

生命像在浪潮中行进，我们在起伏间学习进化的经验与周期。此时此刻，我们处于美好的进化阶段。因为长久以来，女性全然受制于男性的想法和信念系统。我们被告知什么可以做、何时可以做以及该怎么做。当我还是个小女孩的时候，记得大人教我走路时要后退男人两步，还要抬头仰望他，问他："我该想什么，该做什么？"虽然没有人在口头上明确告知我该如此做，但是我从母亲的言行举止中，学会了这种屈从行为。她的成长背景教导她对男人要完全言听计从，所以视男人对女人的欺凌为正常，我也一样。这是一个绝佳的例子，说明了我们如何学会父母的行为模式——接受并重蹈父母行为与信念的覆辙。

我花了很长一段时间才了解这种行为是不正常的，也不是身为女人的我应该接受的。当我逐渐改变自己内在的信念系统，即我的意识时，我开始建立——我的价值与自尊。与此同时，我的外在世界也随之改观，不再吸引霸道滥权的男人。内在的自我价值与自尊是一个女人所能拥有的最重要的东西。如果缺乏这些品质，就应该设法开发。当我们拥有极大的自我价值后，就不会接受次等地位与别人的凌辱。因为只有当我们接受并相信自己是差劲的或一无可取的人时，才会屈服于别人的支配。

今天，我要把工作重心放在帮助女性朋友蜕变成更好的人，同时帮助她们找到两性真正平等的境界。我要看到所有的女性都爱自己，都拥有自我价值、自尊，以及在社会上有个可以发挥力量的地方。这么做并不是要贬低男人，而是建立两性之间真正的平等，并且造福每一个人。

当你继续阅读及实践本书的内容时，记得改变自己的信念和态度是需要时间的。要多久呢？试问：我们可以多快理解并接受新的观念？因人而异。所以，在前进的过程中别对自己设置藩篱和时间限制。只要尽自己的能力工作，拥有无限知识的宇宙会引导你步上正确的人生方向。一步一步、一天一天地经由时时刻刻的练习，可以抵达心之向往的生命境界。

目录

第1章

创新生命视界

我们必须重新思考自己的生命意义，
才有能力重新塑造自己。

举个绝佳例子说明过去女人如何被制约，下列是我摘录自一本二十世纪五十年代美国高中家庭经济学教科书的内容。

1. 准备好晚餐。提前计划，以便在晚上来临之前准时端上美味的一餐。这是让他知道你一直想念着他，并且关心他的需求的方式。大部分男人回家的时候已经饥肠辘辘了，一顿美食是热情迎接先生回家很重要的一部分。

2. 打理自己。利用十五分钟装扮一下，以便他回到家时你可以显得赏心悦目。薄施脂粉，整理秀发，让自己看起来清清爽爽。他刚和一群疲惫不堪的工作伙伴处了一整天。所以，尽量让自己快乐有趣些。他无聊的日子可能需要一点鼓舞。

3. 清理杂乱。在先生返抵家门之前，对屋里屋外进行最后一次巡视，收拾好孩子的书本、玩具，清理桌子。你的先生会觉得回到一个井然有序又可以休憩的避风港，这也会使你的精神为之一振。

4. 打理小孩。花几分钟洗干净小孩的手和脸（如果他们还小）、梳梳头发，有需要的话顺便换换衣服。他一定会喜欢看到小宝贝们清清爽爽的。

5. 减少噪声。在他回到家的时候，不要有洗衣机、干衣机、洗碗机、吸尘器等家用电器发出的噪声，试着让小孩安静下来。表现出高兴看到他的样子，用热情的笑容、愉悦的心情欢迎他。

6. 不要抱怨。不要拿问题或抱怨来欢迎他，如果他错过了用餐时间也不要因此而抱怨。和他一天的辛劳相比，晚点吃饭不算什么。好好服侍他，让他靠在舒服的椅子上或建议他到床上躺躺。准备一杯饮料，放好枕头，顺便脱下他的鞋，用低沉柔软、舒畅愉悦的声音说话，让他感觉轻松舒坦。

7. 聆听他说话。纵使有许多话要告诉他，但是他刚回家还不是时候，让他开口先说。

8. 让晚上成为他的最爱。如果他没有带你出去享受一顿美食或是欣赏一场表演，千万别埋怨。你反而要了解他内心世界的紧张与压力，了解他需要轻松舒坦的感觉。

倘若这些都是你想做的事，上述内容并无不妥。但是你要知道，在那个时代里，几乎所有的年轻女人都被要求否定自己，以取悦丈夫，这是所谓“好女人”应该做的。男人伟大，女人则不然。今天，我们必须重新思考自己的生命意义。经由学习对每一件事情质疑，才有能力重新塑造自己。即使看起来是非常例行性的事，如煮饭、清扫、照顾小孩、处理琐事、接送小孩等，长久以来，我们一直自动自发做的事，都需要重新检讨。我们往后的日子是否仍要依循以前的模式过活，因而随着时光流逝让自己错过一些美好的事物呢?

重塑女性并不意味要消灭男性。痛击男性就如同对女性性骚扰一样，一无可取。我们不想陷入类似的相残之中，这种行为会使我们的生命僵化，我觉得我们已经受够了这种僵化。因为生命中的不幸而埋怨自己、抱怨男人或社会，不但无济于事，反而会造成无力感。埋怨永远是最没有助益的行动。今日我们对男性所能做的最好的事，就是不要让自己成为牺牲品。要团结起来一起行动，让每一个人因自尊而尊重别人。

我对男人及他们在人生过程中所需面对的困难深感同情。打从孩提时代开始，他们就背负着过多的重担，承受着过重的压力，而且陷入扮演的角色之中无法自拔。从小，男孩就被教导不能哭，不能表达情绪。大人教他们压抑自己的感觉。依我看来，这是另一种虐待与折磨儿童的形式，难怪男孩长大成人后会表现出那么多的愤怒。除此之外，大部分的男人都会懊悔和父亲没有良性的互动关系。如果你想看一个男人哭泣，先给他一个安全环境，再让他谈谈他的父亲。许多男人提及与父亲间很多不曾说出的往事，以及希望能有不一样的童年时，都会伤心落泪。他们多么希望听到父亲告诉自己，他是如何爱他和珍惜他。

文化上，女性已经被洗脑了，她们相信要做一个好女人，就必须把自己的需要摆在第二位，别人的需要永远优先于自己生命的意义。许多女人所过的生活，是为了满足别人的要求，而不是为了活出自己。许多女人在极度的愤恨中过日子，因为她们觉得自己是出于义务才被迫“为别人服务”，难怪那么多女人活得筋疲力尽。通常身兼母职的职业妇女都得做两份全职工作，一份在办公室；另一份在回家后开始——照顾家人。结果，自我牺牲的念头毁掉了许多女性。

我们不必为了想要休息而故意生病。我认为，不少女人的病痛可能是想得到一些休息时间造成的，这是女人唯一允许自己逃离工作的借口，在她们开口说“不”之前必须让自己累倒瘫痪。

我们亟须知道，我们不是次等公民，那是社会某些阶段造成的永恒迷思，也是毫无意义的事情。灵魂没有优劣可言，更没有性别之分。我们必须像重视别人的价值一样，学习重视自己的生命与能力。当妇女解放运动发起时，妇女们对加诸她们身上的不公正感到非常愤怒，因此将一切怪罪于男人，这在当时是情有可原的。现在，女性需要暂时跳出这种挫折感——这是某种方式的治疗。就好比你因为儿时受虐精神不适去寻求心理医生治疗，那么必须表达出当时的感觉才能获得疗愈。

无论如何，当我们表达出这些感觉后，就像钟摆会荡到比较平衡的点上一样，这就是妇女们正在经历的情况。此时此刻，是女性释放愤怒、谴责、牺牲心态与无力感的时候了，是承认和宣示我们也有权利的时候了，也是掌握自己的想法，创造我们所企求的两性平等世界的时候了。

当我们学会如何积极照顾自己，拥有自尊和自我价值后，所有人类的生命，包括男人在内，都会在正确的道路上跨出一大步。在那里，两性之间将会有爱与尊重，男女也会以对方为荣。我们将学习到每一个人的发展都是不可限量的，同时也可以共荣共享。我相信，我们可以创造一个安全的世界，让我们无忧无虑地相爱，快乐得像一家人。

长久以来，女性一直想要拥有更多主宰自己生命的权利。现在拥有了这个机会的窗口，可实现自我所有的可能性。当然，在获得两性权利与法律权利上，仍然有不少不平等的地方。我们仍然勉强接受在法庭上所能得到的有限权利。法律条文都是以男性观点写成的，即使审理的是一桩强暴案，法庭上谈的也都是一个明辨事理的男人会怎么做。

我想建议女性朋友们着手进行一项民间修法的活动，让男女两性都拥有相同权益。如果能合力支持共同的主张的话，一定会有惊人的力量。我们有必要提醒自己真的拥有这股力量，这是一种众志成城的力量。这种妇女基于共识联合起来的能量，有时是难以抗御的。七十五年前妇女前辈们为了争取投票权走上街头，我们今天才有机会竞选公职。

我鼓励妇女同胞角逐政治。我们生活在政治中，而政治是一个开放的领域。在组织的世界里，女性的发挥空间没有任何限制。如果要引导法律和政府平等对待女性，就需要参与这些领域。我们可以先从最基层开始，进入政治舞台并不需要一辈子的训练，政治是女性可以发挥力量的领域。

一九三五年，美国总统罗斯福在国会推动一项法案，内容是任何新建的房子都必须有室内的浴厕。许多男性国会议员反对，他们说："如果每个家庭都有室内浴厕的话，我们怎么分辨富人跟穷人？"今天，我们视室内浴厕为理所当然，却不知当年是因为一位强悍的女性议员与国会激烈抗争，才使这项法案顺利通过的。所以一旦妇女团结起来，这股力量可以排山倒海，让我们住的世界变得更为美好。

我们已经走过一段漫漫长路，不要再迷失方向。美国早期殖民地时代，男人是家里无可争议的君王，任何仆人、小孩甚至妻子胆敢不服从，就要接受鞭刑伺候。十八世纪五十年代，没有一个受尊重的女人敢让自己享受性爱。我们已经奋斗过一段不算短的时间，然而这还是革命刚刚起步的新阶段，还有不少要做、要学的事。此时此刻，妇女拥有崭新的自由领域，为了所有女性，包括独居的女人，我们需要更有创意与更新的生命解答。

第 2 章

广告打击女性自尊

剥削性的广告也是一种控制和驾驭女人的方式，

我们应尽其所能地拿回我们应有的权利。

广告界为了诱使女性购买产品，便对准其缺乏自尊的弱点大发利用。大部分广告底部会有一行字：“你还不够好……唯有使用我们的产品，才能使你变得更好。”就是因为我们相信自己有些不好的地方需要改善，才会使广告伎俩得逞。因此，千万不要轻信广告，它的企图是让我们自觉不如人。

广告商最爱攻击的目标是女性的身体。由于我们接受许多来自社会对女性身体的负面信念，以及广告用语里对女人大量灌输“你不够好”的意念，以致很多时候我们并不喜欢自己的身体。我们之中有多少人敢真心说出喜欢自己的身材？我们有太多理由拒绝接受自己的鼻子和臀部。我不知道要到什么年纪我们才能学会同等看待自我价值与身体，婴儿从不因为他们臀部的尺寸而觉得自己不够好。

在我们敏感脆弱的青春少女时期，却受到广告轰炸，试图贬抑我们的自尊，让我们感觉如果不使用广告促销的产品，就无法吸引他人或被他人接受。这就是为什么在我们的社会里，十几岁的女孩自卑。某些案例中，这种受到贬抑的自尊感会一直延续到成年。例如，香烟公司喜欢以十几岁的女孩作为广告诉求对象，因为他们知道让低自尊的人开始吸烟并且上瘾，有十之八九的人会成为香烟公司终生的忠实顾客。我们能让这些公司以此种方式继续伤害我们的孩子吗？

前几天我听到一个三岁的女孩说："我不要穿这件衣服，它让我看起来好胖。"而才十岁的女孩竟然开始节食。在各级学校里，厌食症者与贪食症者的人数正不断增长。我们到底对孩子做了些什么？如果你是为人母者，记得清楚地告诉你的孩子，那些广告正在剥削他们，同时和他们一起分析广告内容。让你的孩子有能力说出广告诉求。早一点教导他们，经由明智的选择化被动为主动，给予他们力量活出自己的生命与自主权。

你有没有注意到，很多女性杂志竟然在同一期的杂志上，同时刊登最新的减肥食谱与令人发胖的甜点美食。这些杂志到底带给我们什么信息？胖起来、瘦下去，胖起来、瘦下去。难怪有这么多妇女热衷于瘦身运动。我们绝对不可以将每一则广告或媒体信息当作生活的基准。下一次当你在电视或杂志上看到一则广告时，仔细瞧瞧，广告带给你的真正信息是什么？它们是不是要让你自觉不如人或是不够好？它们是不是在向你展示一种你无法企及的生活梦境？开始嘲笑你看到的广告吧！不要让它们左右你，剥削性的广告也是一种控制和驾驭女人的方式，我们应尽其所能地拿回我们应有的权利。

我乐于见到这样一项运动，就是每一次看到一则侮辱女性智力的电视或杂志广告时，不要看着自己说："假使我的臀部真能像她一样……"或者作其他的抱怨，而要坐下来写一张明信片，告诉这家公司："你们胆敢剥削我的话，我永远不会再买你们的产品！"如果能发出明信片告诫这些操纵女性的广告公司，转而只买在广告上支持妇女的公司的产品，那么这些广告公司的行销策略将开始转变。

我们买很多东西只是因为我们觉得："哦！如果我能拥

有那个东西就好了。”思考模式又回到了窠臼，认为“我们不够好，我们不够好”。事实上，我们必须知道——真正地知道，女人的现况已经够好了。

和一群朋友一起看任何一本女性杂志。检视里面的文章和广告。对自己看到的东西保持警觉，并且注意你的潜意识里所要传达的信息是什么。我们应该睁大眼睛、竖起耳朵，了解广告真正要表达的是什么，真正诉求的是什么，它们又如何试图控制我们。

让我们对这个议题好好思索一番！

第 3 章

强化正面信念

每当我们想到一个念头或是说出一句话时，
宇宙就在倾听、回应着我们。

许多人都知道，我们的信念是我们思考的想法，我们说出的话、我们持有的信念是非常强而有力的。它们塑造出我们的经验和生命。每当我们想到一个念头或是说出一句话时，宇宙就在倾听、回应着我们。所以，如果生命里有什么不喜欢的东西时，我们可以借由这个力量改变它。我们拥有思考和说话的力量，当我们改变想法以及谈话时，我们的经验也会跟着改变。不论我们从哪里来，不论儿时有多么艰苦，今天我们都可以作出正面改变。这是一个有力量的、解放的观念，当我们相信它的时候，信则成真。这是为何我们在提及所有的议题前，先要认识这个观念的缘由。我们必须先改变心中的信念，生活才会随之转变。

我们总是活在过往之中。此时此刻，我们存在的现况，就是过去的想法和信念创造出来的。因此，如果生活当中有什么不喜欢的事物，为了将来，我们可以选择重新创造我们的经验。当我们开始改变思考模式时，也许无法立即看到许多正面变化的发生。但是，如果持续采用新的思考模式，会发现每一个明天都在改变。如果希望明天更光明，那么今天就必须改变自己的想法，因为今天的想法会创造明天的经验。

许多人问我："我的周围都是想法消极的人，我怎么能够正面地思考呢？"当我和一些持有负面想法的人在一起时，我会悄悄地对自己说："你的看法对你可能是真的，对我来说却不是真的。"有时候甚至会大声说出来。这种消极想法让人变得异常负面，我却保持自己的正面信念，且尽可能避开这种人。你也许可以问自己，为什么总是和持有负面想法的人在一起。记住，我们无法改变任何人，只能改变自己。当我们改变自己时，其他人也会随之改变。我们能做的最重要的事情，就是改变思考模式。不论我们多忙或是工作多辛苦，我们仍应处于思考的状态中，而且没有人能闯进这个天地里。

信息传导

我很希望大家把“神经介质”这个词放进脑海中，这个词是由坎德丝·波尔（Candace Pert）在研究脑部功能时创造出来的，意思是“化学传讯者”。这种物质在我们想到一个念头或是一句话时，会漫游过我们的身体。当我们的想法是愤怒、批判或者挑剔时，神经介质制造出的化学物质会压抑免疫系统，而当我们的想法是爱心、力量与正面时，化学传讯者会运送其他的化学物质，增强我们的免疫系统。科学界终于同意许多人早已熟知的事实——身体与心灵之间有一种联结。身体与心灵的沟通从没有间断过，你的心灵会不断传递你的想法让你身体内的细胞知道。

不管是有意识的还是无意识的，我们时时刻刻都在选择健康或不健康的想法，而这些想法深深地影响我们的身体。单一的想法本身不会对我们造成很大的影响，不过一天之中会有超过六万个想法掠过脑际，而这些想法的效应是累积的。不愉快的想法会毒化身体。目前，科学研究已经证实，我们不能让自己沉溺在负面的思考状态之中，因为那会让我们生病甚至杀死自己。

很长一段时间，我不了解“万物一体，万物生而平等”的真义。这句话乍看之下没有什么意义，因为我见到的是世人有穷与富、美丽与丑陋、聪明与愚笨之别，还有不同的肤色、种族，数不完的宗教，以及形形色色的人生观等。人与人之间存在太多的差异，我们又怎能说所有的人生而平等呢?

慢慢地随着经验的增长，我终于了解它的意义了。我赞同作家、演说家卡洛琳·麦思（Caroline Myss）最新阶段的理论。你知道，我们的思考和说出的话，会同等地影响我们全身的所有部分。每当我们想到一个念头或是说一句话时，神经介质这个化学传讯者会穿过身体传递信息，一视同仁地影响整个身体。一个负面想法对美国人身体的毒害，一如对中国人或是意大利人。愤怒对一个基督徒的毒害，和对犹太教徒或是其他教徒都是相同的。男人、女人、同性恋者、异性恋者、小孩、老人，对思考过程中制造出来的神经传讯者，都有完全一致的反应。

无论住在哪一个国家，宽恕和爱对我们都具有疗效。在这个星球上，每一个人都需要先治愈精神之后，才能永远地疗愈身体。我们来到这个世界上，就是为了学习“宽恕”和“爱自己”这两门功课。无论住在哪里，没有人可以逃避这些功课。你是否正和你的功课对抗，并坚持自己所谓的正义而受苦？你是否愿意学习原谅别人及自己？你是否愿意爱自己，并且迈向丰饶与圆满的生命？这些都是生命的功课，它们同等地影响我们。我们是一体的，被平等地创造。爱会疗愈众生！

现在你的脑海里有什么想法？你的身体里通过的是哪一种神经传讯者？目前的想法会让你生病还是带给你健康？

我们之中有太多人因自以为是的义愤或愤怒，造成体内产生毒素。殊不知，埋怨对埋怨者本身产生的破坏，竟然多过被埋怨者。神经传讯者带着这些埋怨的想法，慢慢渗透到身体，毒化每一个细胞。

我们也要清楚地知道，自我总是让我们不自由、不快乐。它是一种内在对话，会一直告诉我们多吃一口、多喝一杯、多吸一口烟、再做一次就好。但是我们不等于这个身体，不等于这些想法，也不等于所谓的自我。我们拥有这个身体，是思想的主宰者。当我们的自我价值和自尊足够强大时，便绝不会轻易地屈服于自我的要求。我们远比眼中的自己还要有力量得多。

此时此刻，不妨振作起来，带着这本书，然后找一面镜子，凝视镜中的双眸，大声地对自己说："我爱你，从这一刻起，我要在生命中作一次正面转换。渐渐地，我将改善我的生命品质。对我来说，做一个快乐又充实的人是很安全的。"说三四遍，中间停下来深呼吸一下。当你陈述这句肯定言辞时，注意有哪些想法在心头澎湃蔓延着。对着镜子说："谢谢你与我分享。"你可以承认脑中的负面想法，但不要给予它们力量。从现在开始，每一次看到镜子时，尽量看进内心深处，然后说一些正面的话。如果你处于匆忙状态，就说："我爱你！"这个简单的练习，会对你的生命产生无比的功效。如果你不相信，不妨试试看。

答案就在心中

要一直谨记在心：我们的所思所言，将会成为真实的经验。如此一来，才会随时注意思考与说话方式，进而依照自己的梦想塑造自己的生命。我们可能会充满渴望地说："哇！我希望我能有或会有什么东西，或者我会是、我能是什么人……"但似乎不善用能使我们美梦成真的想法或言语。相反的，却想象最糟的情况，用所有我们知道的负面想法充斥自己，然后却想不通为何生命不是依照我们喜欢的方式发展。

我们要找寻内在的源头和跟宇宙沟通的管道——一切生命的伟大起源，找寻我们内在的核心并且善用它。每一个人都有内在的智慧、和平、爱及喜乐的宝藏，这些宝藏在瞬息之间就可以找到。我相信每一个人内在都蕴藏和平、喜乐、爱和智慧的无穷泉源。当我说它仅是一息之隔时，意思是说如果要跟它连接，只要闭上眼睛，深呼吸一下，然后告诉自己"我现在要去内在有无限智慧的地方，我要追寻的答案都在自己的内心"就可以了。

所有我们所追问的问题的答案，都已经存在内心之中，只需要一点时间去连接，这就是静坐的价值与重要性。它让我们沉静下来，以便接收到自己的内在智慧，这也是我们和一切生命之间最好也最直接的通道。

我们不用追逐内在智慧这种天赋，只需要创造机会，它自然就会来到我们心中。要怎样才能做到呢？可以找个闲暇时间安静地坐下来，往内心深处探索，并且找寻宛若山中深潭般和平、深邃且宁静的氛围。静坐中，我们可以找到喜乐，接触到广阔无垠的爱。它们全在我们的内心之中，没有人能偷走这些宝藏。

我们决心探索内在更深层次的地方，并且按照想要的生活方式作出新决定。身为女人的我们，曾经被制约接受有限的选择。许多结了婚的女性非常落寞，因为感觉自己已经失去所有的选择。她们出卖了自己的权利，做了我以前所做的——仰赖男人提供所有的答案，代替自我的内在探索。为了让我们的生命有所改变，首先需要在内心作一些新的选择。当我们改变想法后，外在世界也会以截然不同的方式回应我们。

因此，我要求你们往内探索，改变自己的思考习惯。接触并善用内在的智慧宝藏，当我们接触内在的宝藏后，便会赋予生命崭新的意义，所以，每天和内在的宝藏接触吧！

耕耘意识花园

给自己一些时间倾听内在的智慧是非常重要的。如果不每天腾出一些时间静坐，没有人有办法完全接触内在的丰富。在静谧中打坐，是我们能做的最有价值的事情之一。没有一个外人，会比我们自己更明白什么对我们是最好的，会比我们的内在智慧更透彻地了解我们自己。倾听自己的心声，它会以对你最好的方式，引导你走完生命的旅程！

让我们大家为自己创造一个丰富的内在世界，让你的思想变成你最好的朋友。大部分的人都在同一种想法里打转。记住，我们一天平均会出现六万个念头，而大部分的念头都和以前或更早以前的一样。我们的想法可以变成消极的成规，也可以成为崭新的生活基础。因此，不妨每天多一些新的、有创意的想法，想出一些新方法处理旧事务。

我们的意识就像一座花园，不管是房子旁边的花园，还是心灵的花园，最重要的第一步就是准备肥沃的土壤。开始时，先除去杂草，拿开石头，并且挑出大小瓦砾，再添加堆肥和改良剂，然后与土壤好好拌和。播种后，你的农作物自然会长得又快又漂亮。

我们的心灵也是一样。如果希望肯定的力量快快增长，那么在开始的时候，先除去所有已发现的否定想法与信念，接着种下一些良好信念，一些真正美好又正面的想法。当你确定这一生想要拥有的东西后，没有任何事会阻挡你，你思想的花园将会花团锦簇。

女性被抚养长大的方式，是成为看顾者和服侍者，是要把别人的需要摆在第一位，所以大部分都缺乏足够的自尊与自我价值。我们极其恐惧被遗弃、害怕损失、缺乏安全感。在长大的过程中，我们被教导如何照顾别人且相信我们无法照顾好自己。所以女人一旦遇到离婚的状况，往往惊慌失措，如果还带着年幼的小孩就更惨了，她们会一遍又一遍地自问："我怎么靠自己活下去？"

我们害怕独立无助的生活，所以会停留在不佳的工作中或婚姻里不敢离开。许多妇女不相信她们已经够好了，不相信她们能够照顾好自己，但事实上她们却做得到。

对许多妇女来说，她们对成功怀有极大的恐惧，不相信自己拥有美好的感觉，或是有权利享受丰盛的成果。如果一直把自己摆在第二位，就很难让自己感觉得之无愧。事实上，许多妇女都害怕比她们的父亲、丈夫更成功或赚更多钱。

那么，该如何克服被遗弃或对成功的恐惧呢？它们是一个铜板的两面。关键在于学习信任生命本身的进程。如果让生命自然进行，生命会在此时此刻支持、带领并引导我们。如果在罪恶感与操控中长大成人，便会一直觉得自己“不够好”。如果在成长的过程中，一直相信生命是艰难、恐怖的，就会不知道如何放松自己，让生命照顾我们。我们从报纸和电视上看到层出不穷的犯罪报道，因而相信世人亟欲对我们不利。其实，我们全都生活在自己的意识法则之下，也就是说，我们相信什么，什么就会实现。对别人真实的事情，不一定对我们也是真实的。如果一味相信社会上的负面信念，那么这些信念将会变成真实的，而我们也将有许多负面经验。

如果学会爱自己，改变想法，发展自我价值与自尊，那么，就会开始让生命带领我们得到所有早已贮存好的美好事物。也许这听起来过分简化，但它的确是真实的。当我们放松，允许自己相信“生命本质在这儿照顾我，我很安全”后，就会开始跟着生命流动。注意生命中同步发生的事物。当你得到通行许可或是一个很棒的停车位时，当某人带来你正需要的东西时，当你听到想要的那一则消息时，请说：“谢谢你！”生命本质喜欢心怀感恩的人，你越感谢生命本质，生命本质越会给你更多值得感谢的东西。

我衷心相信，我被神圣的力量保护着，只有美好的事情才会降临在我身上，而且我很安全。我知道，我够好且值得拥有美好的事物。我花了许多年，经过许多学习，才达到今天这个状况。我曾有好几卡车的负面想法要释放掉，我从一位痛苦、恐惧、贫穷、负面的女人，变成一位充满自信、能与人分享丰盛生命的女性。如果我能做到，你也能——如果你愿意改变想法。

联系守护天使

但愿我们都能知道，每一个人都有两位守护天使跟着我们。这些天使是要帮助我们、引导我们的，但是我们必须主动要求他们的协助。他们非常爱我们，而且随时等待我们的邀约。学习与你的天使们连接，从此你再也不会感觉寂寞。有些女性看得见她们的守护天使，有些能感觉到他们的存在，有些能听到他们的声音，有些能感知他们的名字。我称呼我的两位天使为“伙伴”，我感知他们成对地出现，当有事情发生而我不知如何处理时，便会交给他们：“伙伴们，我不知道该怎么做，请你们处理吧！”当好事来临，顺我心的事情跟着发生时，我会立刻说：“多谢了，伙伴们，真是太棒了！你们这次做得不错，我真的非常感谢。”天使一样喜欢人们对他们的感谢与重视。多善用他们——这也是天使与你同在的原因。天使喜欢帮助人们！

开始和自己的天使们连接吧！安静地坐下来，闭上眼睛，做几个深呼吸，试着感觉他们在你肩膀的后面，一边一个。感觉他们的爱和温暖，要求他们现身给你看，允许自己体会他们的保护，要求他们帮你解决一些麻烦或是回答你的问题。你可能感觉到瞬间的连接，或许你会需要多练习一会儿，但是我向你保证：天使们就在你身边，他们爱你，没什么好怕的。

筛选有益信念

我们该如何释放或改变负面信念？首先，必须认出自己拥有哪些负面信念。绝大多数的人对于自己相信的东西通常没有概念。一旦认清这个负面信念后，就可以决定是否要让这个信念继续营造我们的生活环境。

最快发现信念的方法就是列几张清单，写在几张大张的纸上。在每一张纸的上方写上“我对 ×× 的看法”，包括男人、工作、金钱、婚姻、爱情、健康、衰老、死亡等项目。针对每一个你认为在生命中具有意义的主题写些感想，另外写下你对每一个主题的看法。当你写那些内容时，看看脑海中又浮现什么想法，将它列出来。你无法在两三分钟内做完这个练习，因为需要一点时间。你可以每天花几分钟做它，忠实地写下任何涌现脑际的想法，不管看起来多么愚蠢。这些信念是你赖以维生的内在、潜意识规则。除非你认出自己持有哪些负面的信念，否则不可能在生活中作出正向的改变。经由自我觉知的过程，你可以在任何时候重塑自己，变成你想要的样子，以及过你梦寐以求的生活。

清单大致完成后，从头到尾读一遍。在每一个对你有益且支持你的信念上画个星号，这些是你要好好保存与加强的信念。再用不同色笔勾出每个负面、不利于你迈向目标的信念。这些负面信念会阻碍你达到更好的情况，也是你需要消除或是重新调整的信念。

检视每一个负面信念，同时自问："我是不是要让这个信念继续引导我的生命？我是否愿意放弃这个信念？"如果你愿意改变，那么再做一份新的清单。为了你的生命，转变每一个负面的肯定言辞（所有的信念都是一种肯定言辞）为正面的肯定言辞。举例来说，把"我和男人的关系真是灾难一场"转变成"男人爱我也尊敬我"；把"我是一事无成的女人"转变为"我是个充满自信又有成就的女性"；把"我不知道如何找到一份好工作”转变成“生命本质会带给我一份绝佳的工作”；把“我大病、小病接连不断”转变成“我是一个高大、强壮又健康的女人”，这些都是我自己亲身经历的例子，你也可以转变自己的负面信念为对自己有益的、新的、个人化的行为法则。为了你的生命，创造你想要拥有的指导方针。转变每一个负面信念为正面信念。每天对着自己大声念出正面的声明，在镜子前面朗读——它们会更快成真。对于宣告你的肯定言辞来说，镜子是相当有魔力的。

提出生命新方向

肯定言辞必须以现在式陈述，要说“我现在有”或“我现在是”，而不要说“我将会有”或“我想要有”。如果肯定言辞以未来式陈述，那么我们将无法获得想要的结果。

忙碌的生活中，我们往往不会拨出时间经营自己。而腾出时间检视内心的好方法，是和一个或数个好友在一起，组织一个小型的研习团体。一个礼拜中抽出一个下午或晚上进行这种活动。集合大家的清单，用肯定言辞互相帮忙或是讨论本书内容，一起探索形形色色的想法，几个星期下来将会产生奇迹般的效果。你们可以互相学习，集体的能量是很强大的。你需要的只是一本笔记簿、一面镜子、一盒面纸和一颗充满爱且开放的心灵。我保证，不管团体的规模多大，你都会越来越清楚自己，而且生活品质也会越来越好。

让我们自问一些问题。当我们诚实地回答时，我们的答案会提供崭新的生活方向。

· 我如何利用这个练习使我的生命变得更好？

· 我想从伴侣那边得到什么？

· 我认为我需要从伴侣那边得到什么？

· 我能做些什么来达成这些愿望（别期望伴侣为你做所有的事情，这对对方来说是可怕的负担）？

· 有什么事情可以充分发挥我的才能？我如何把它献给我自己？

· 如果没有人可以埋怨时，我会找什么借口？

· 如果我无法再拥有一个伴侣时，我会因为这件事而自暴自弃吗？

· 我会创造美好生活，成为其他女性的楷模或引导者吗？

· 我到世上来学习什么？我到世上来教导什么？

· 我如何跟宇宙中的生命共同发展？

现在是时候了，让我们发展出自己的生活哲学，并且创造个人的法则——一些我们赖以生活的声明，一些支持和滋养我们的信念。下面是这段时间以来，我为自己研制的一套生活准则，与你分享：

· 我永远是安全的，我在上帝的保护之中。

· 我需要懂得的事理，上帝都会给我启示。

· 我需要的每一样东西，都会在适当时间和地点出现在我面前。

· 生命是一种喜乐，充满着爱。

- 我爱人人，人人也爱我。
- 我是活泼健康的。
- 不管到哪里我都会成功。
- 我愿意改变与成长。
- 我生活中的一切事物都是美好的。

我经常重述这些声明，经常在一天的开始与结束时想到它们。如果有任何地方不对劲，就会一遍又一遍地念出它们。例如，我感觉有点生病了，就会重述："我是活泼健康的。"一直到感觉比较好为止。如果我走在黑暗的地区，便会一再重复且肯定地说："我永远是安全的，我在上帝的保护之中。"这些信念几乎是我生命的一部分，我可以随时随地信赖它们。建议你今天做一份清单检视自己的生活哲学，你随时可以添加或删减清单的项目。马上建立个人的生活法则，为自己创造一个安全的宇宙。唯一能伤害你身体或生存环境的，就是自己的想法与信念，而这些想法与信念是可以改变的。

生活中的我和其他人一样，也有问题与危机，但这是我学会如何处理它们的必经之路。当问题来临时，我会立刻说："什么都好。每一件事都是为了我的最高利益而来的，事件结束后，好运就会跟着来，我是安全的。"

或是说："怎样都好，每一件事都是为了每一个相关者的最高利益而来的，经历事件后，美好之物就会跟着来，我们都是安全的。"

我会一遍又一遍地重述与这些内容大同小异的声明，也许我会不间断地持续二十分钟左右。在很短的时间内，我的心境会豁然开朗，而且用不同的角度看问题，或者我会得到一个答案，或是电话铃响时，某些事情已经转向或起了变化。有时，当我们从一种惊慌的情况下恢复过来后，会发现变化后的情况竟然比原先预定的还好。有时，我们试图控制我们经历的发生方式，但结果不一定对我们最好。

现在，每一次采用这种态度和肯定言辞，对我来说都很有效。我会把问题转化开来，肯定我自己和我的生活真理，移开我的"忧心"，以便在我的小宇宙内找到问题的答案。在交通壅塞的时候、在机场、在人际关系、健康问题及所有的工作情况中，我都采取这种方式。这种方式是学习与生命一同流动，而不是跟计划中的每一个改变搏斗。让它成为你回应问题的“新模式”，你会看着问题慢慢消失的。

学习与成长是灵魂进化的全部。每一次我们学习到新的事物，就会深化我们对生命的了解。对于宇宙整体来说，我们还有很多未学习的事物，还有百分之九十的智力尚待开发利用。我相信，活着是最令人兴奋的时刻。每天早上醒来时，我会感谢生命本质赐给我活在当下与经历所有事物的特权。在每天五或十分钟的感谢中，我会谢谢我的床给我一夜美好的睡眠，感激我的身体、我的家、我的宠物、我的朋友、我拥有的物质享受，以及我知道一天中会体验到的所有美好的经验。结束感谢的时候，我会要求生命本质给我更多、更深一层的了解，这样才能继续见到更广阔的生命图像。因为当我们见多识广后，生命本质会变得更单纯，我深信我的未来将是美好的。

记住：肯定言辞是肯定的陈述，它能够有意识地重塑你的心灵，让你更容易接受新的生活方式。选择能让你活得更爱自己的肯定言辞，每一天至少肯定地说出下列几句肯定言辞：

我现在要主张我的女性权利。

我正在发现我是多么美好的人。

我看出我自己的内在是一个极美的存在。

我既聪慧又美丽。

我喜欢看到自己的模样。

我选择去爱且享受自己。

我是自我肯定的女性。

我能主宰自己的生命。

我能扩展能力。

我能自由自在地成为自己希望的人。

我有一个伟大的生命。

我的生命充满了爱。

我生命中的爱从我自己开始。

我拥有生命的自主权。

我是一个有生命力量的女性。

我值得被爱与尊敬。

我不臣属于任何人，我是自由的。

我愿意学习新的生活方式。

我靠自己站起来。

我接受并运用我的力量。

我能安然自在地做个单身者。

无论我在哪里，都会使自己喜乐且享受当下。

我爱自己而且过得很快活。

在我的生命中，我会爱、支持与享受女性的角色。

生命深深地成就了我。

我探索所有通向爱的途径。

我喜欢做个女人。

此时此刻，我喜爱在这个地方活着。

我用爱填满我的生命。

我接受“独处时光”这份礼物。

我全然地感觉到圆满与融合。

我献给自己我所需要的。

成长对我而言是安全的。

我是安全的，在我的生活世界中所有事物都是美好的。

疗愈之方

我愿意看到自己最好的一面。现在，我选择从心灵与生命中除去负面、毁灭性、恐惧性的观念与想法，那些不好的东西会阻挠我成为自己渴望成为的优秀女性。我靠自己的双脚站立，支持我自己，也为自己着想。我给自己我所需要的，我的成长是安全的。我越成就自己，人们就越爱我。我加入女性疗愈女性的行列，我是这个星球的恩典，我的未来是灿烂美丽的。

记住：在你的思考方式上作出些微改变，便可以解开天大的难题。当你向生命本质提出正确的问题时，生命本质也会答复你。

有许多方式可以使我们改变，我们也可以开始诚实地检视我们的缺点——不是看我们哪里错了，而是看我们堆积了多少障碍，使我们无法更好。不要自我攻击，我们只是要去掉这些障碍，并且作一些改变。许多心理障碍是我们儿时学来的，然而对我们来说，它们从来不是真实的，我们只是照单接收别人的信念系统。如果我们曾经学会这些想法，那么现在也可以不再学习它们。我们愿意学习爱自己，因此发展出下列指导方针：

1. 停止所有批判。批判是一种无益的行动，从来不会有利于任何事。不要批评自己，从你身上拿掉这种负担，也不要批评别人，通常我们在别人身上找到的缺点，只是我们不喜欢自己身上某些东西的反映。对别人怀有负面想法，是使我们生命受到局限的主要原因。只有我们会评判自己，生命本质、上帝与宇宙并不会这么做。

“我喜爱且赞同我自己。”

2. 不要吓唬自己。我们应该停止吓唬自己，我们常常用自己的想法吓唬自己。我们一次只能有一个想法，因此学习以正面的肯定言辞思考。这样的话，我们的思考会使生命变得更好。如果发现自己又在恐吓自己，立刻说：“我要从吓唬自己的困境中解放出来。我的生命展现神圣高尚，从此刻起，我要过圆满的生活。”

3. 好好经营和自己的关系。我们极力经营和其他人的关系，但是会把自己丢在一旁，偶尔才顾虑到自己。因此，真正地关心自己一下，多爱自己一点，多照顾你的心和灵魂。

“我是自己最爱的人。”

4. 对待自己宛如你被爱一样。尊敬并珍惜你自己。爱自己时，会更容易接受来自别人的爱。爱的定律是你必须集中注意力在真正需要的事物上，而不要耗费能量在不需要的事物上。把注意力放在爱自己上面吧！

“此时此刻，我全然地爱自己。”

5. 照顾身体。你的身体是一座宝贵的殿堂。如果打算过长寿、圆满的一生，现在就要好好照顾身体。应该让自己看起来容光焕发，最重要的是，保有舒服又充满活力的感觉。营养和运动对你都很重要，你需要保持身体的弹性和动作的灵活，一直到离开人世的那一天。

“我是健康、快乐又圆满的人。”

6. 教育自己。我们常常抱怨自己不懂这个、不懂那个，也不知道该做什么。但是我们是聪明人，可以自我学习。到处都有书本、进修课程和教学录影带，等等。如果有金钱方面的考虑，不妨利用图书馆的资源，或者在电话簿里找一个自助团体。告诉自己，我将会活到老学到老。

“我永远都在学习与成长的过程中。”

7. 创造财富。每一个女人都有权利拥有自己的金钱，这是我们应该接受的重要信念。它是我们自我价值的一部分。我们随时可以从小小的基础开始，重点是必须保持储蓄习惯。肯定言辞很适合用在这里。

“我不断地积累财富，不管到哪里，我都会致富。”

8. 发挥创意。充分发挥潜能的任何活动都是创意的表现，不管是烘焙一个蛋糕还是设计一栋建筑物。给你自己一点时间表现。如果你有小孩要照顾而时间不够，不妨找个朋友互相帮忙。你值得花时间为自己做点事，你是当之无愧的。肯定地告诉自己：“我会一直找时间发挥我的创意。”

9. 让内心世界充满喜悦和幸福。喜悦和幸福一直存在于内心之中，要确定你和内在的快乐源泉一直保持连接。将你的生活建立在喜悦的根基上。快乐的时候，就会有创意，不会故步自封，容易接受新的观念。有一句很棒的肯定言辞是这么说的：“我的内心充满喜悦，我一副幸福的模样。”

10. 保持正直，重承诺。为了荣誉与自尊，必须保持正直。学习信守承诺，千万别承诺无法兑现的事，即使对自己也是一样。别承诺自己，说明天要开始节食或是运动，除非知道自己可以贯彻到底。你应该相信你自己。

11. 和生命本质发展强大的精神连接。这种连接可能和你从小耳濡目染的宗教有关，也可能没有关系。儿时，我们没有选择余地，现在我们已经是大人了，可以选择自己的信念。独处是一个人生命中很特别的时刻。你和内在自我的连接，是最重要的一种关系。给自己一段安静的时间，和自己内在的指引连接。

“我的精神信念支持着我，帮助我成为有能力的人。”

我们需要接受这些观念，并且再次肯定它们，一直到它们深深嵌入我们的意识之中，变成生命的一部分。

第 4 章

你和自己的关系

如果此刻你的生活中没有“好男人”，
你仍然可以是自己的“好女人”。

本章主要探讨你生命中最重要的关系——也就是你和自己的关系，而不是如何增进你现有的人际关系，或是如何找到完美的另一半。

许多女性苦恼于如何在没有伴侣的情况下，活得多姿多彩，这可能是许多女性心中存有的恐惧。我们需要认清并且走出这种恐惧的情绪。不妨把所有的恐惧列成一张清单，例如，你害怕什么……仔细瞧瞧，然后逐一讨论。你不必跟它们搏斗，这样反而会带来太多负面能量。透过静坐冥想，让自己看到心中每一个恐惧，再将它丢入河流里溶解，并且逐流而下。接着，将那些恐惧转换成正面的肯定言辞。例如，把“我担心没有人会爱我”转换成“我是不错的人，而且我深深地、真心地爱我自己”。如果我们不能给予自己想要的爱，便不可能在外在的世界里找到。不要浪费时间期待目前生活中不存在的东西，开始多一点温柔、多一点爱意地对待自己。让你的身体、心灵去感觉爱是什么。用你希望恋人对待你的方式对待自己。

几乎每个女人一生中都有一段独居时光——也许是年轻单身的时候、离婚的时候或是配偶过世以后。我认为，所有女性即使目前拥有美好的亲密关系，都需要自问以下问题："我是否准备好独自一人生活？"完全仰赖他人照顾我们，将使我们无法接触自己内在的资源。即使处于某种稳定的关系之下，我们仍然需要独处的时间——这一段时间要用来探索自我，同时想一想为了自己，要定下什么人生目标，作出什么改变。要知道独处的时刻也可以像和其他人共处时一样多姿多彩，特别是能把自己的想法当成好朋友时，更能自在自处。

今天，一个未婚女性可以拥有自己的完整天地，发挥能力与信念到极致，可以旅行、挑选喜爱的工作、赚一笔财富、拥有许多朋友、发展高度的自尊。甚至也可以选择拥有自己的小孩而不要婚姻关系，而社会也能接受，我们知道的一些知名女星和公众人物已经这样做了。也就是说，女性已经可以创造自己的生活模式了。

世界上有许许多多的女性，并不需要和单一男性有永久稳固的关系，她们可以独自一人过完余生。目前，美国约有一亿两千两百万个男人，以及一亿两千九百万个女人。在其他国家，男女人数的差距甚至更悬殊，包括法国。单身主义正掀起前所未有的风潮。我们并不想视这个数据为悲剧，而想要把它当作女性进化的一个机会。当你需要改变时，你被动不做的情况发生过不少次吧？结果生命往往插手进来，强迫你改变。比如说，你讨厌你的工作却不离开，最后变成你被开除了。当你不愿意为自己争取机会时，生命却赐给你机会。女性还没有在意识上作出正面改变，而这种改变正是女性实现及强化自我所需要的，所以此时此刻，生命已经插手进来迫使女性不得不改变。

内心充满爱

听说许多女人如果没有男人陪伴在身边，便会不停地呻吟悲泣。其实，即使没有结婚或是和男人来往，也不必觉得不圆满。当我们“寻觅爱情”时，都会认为自己缺乏爱，其实我们心中充满了爱。任何人给我们的爱，都比不上我们给自己的爱。一旦我们给了自己爱，就没有人能从我们这里拿走。我们应该停止“在不适当的地方寻找爱”。沉溺于寻找一个伴侣，和保持某种上瘾关系或是陷在功能失调的关系中一样，都是不健康的。如果沉溺于寻觅伴侣的情境中，这种上瘾行为只会反映出我们匮乏的感觉，就像其他上瘾习惯一样不健康。如果你是这种情况，问问自己：“我到底哪里出了问题？”

“非要找到一个伴侣”和“觉得自己不够完美”的感觉，会让女性产生莫大恐惧。为了寻找伴侣，女性往往给自己过多的压力，以致陷入不美满甚至受虐的关系中。我们不需要以这种方式对待自己，这完全不是爱自己的表现。

我们不需要给自己制造痛苦和伤害，也不需要强烈感觉寂寞或是不快乐。这些都是可以选择的，而我们可以作出新的选择来支持、成就自己。即使曾经受到制约接受非常有限的选择，那也是过去的情况。我们应该记住，此时此刻将是新的开始，而生命最佳的着力点就在当下。今天，我们选择相信和接受的信念，将会创造我们的未来。此时此刻，我们可以改变自己的想法和信念，马上开始为自己创造新的生命范围。我们应该了解独处是上天恩赐的礼物！

有时候独身对我们更好。越来越多的女性在结束一段婚姻生活后（离婚或是丧偶），如果有能力养活自己，都会选择不再结婚。婚姻是一种风俗习惯，主要的受惠者是男人。这些女性认为婚姻会让她们走入一种奴役状态，而且丧失独立性。女人一向被教导为了婚姻要否决自己的需求，男人则相信婚姻是要支持他们的成就。许多女性为了不丧失独立性，宁愿保持单身状态，顺从男人已不再吸引她们了。

古谚说："女人撑起半边天。"现在正是我们让这句谚语成真的时候了。然而，我们不要借由哀泣、愤怒、自我牺牲，或是拱手把自己的权利让给男人或制度，来学习如何撑起半边天。在我们的生命里，男人是一面明镜，他们反映出我们对自己的认知。我们常常期望别人带给我们爱以及彼此连接的感觉，事实上，他们只能反映出我们和自己的关系。我们真正需要的是改善和自己的关系，这样才能大步往前迈进。眼前我想集中我的工作重心，帮助女性朋友以最积极的方式“接受与运用”自己的力量。

我们都需要清楚了解，生命中的爱源于自己。我们往往想寻找“好男人”解决所有的问题，这些好男人会以父亲、男友、丈夫的形象出现。此时此刻，是我们为自己寻找“好女人”的时候了。如果此刻你的生活中没有“好男人”，你仍然可以是自己的“好女人”。你可以掌控自己的生活，创造你渴求的生活形态。

所以，如果你目前没有亲密男友，不要认为你注定会永远孤独。把它视为是为自己创造某种生活形态的机会，一种你从未梦想成真的生活。儿时甚至豆蔻年华时，我从未想到我现在的生活模式。爱你自己吧！让生命本质引导你到想去的生命之境，所有的障碍都会应声倒地，那么我们爱飞多高就飞多高。

第 5 章

做孩子的榜样

如果希望所有的成年人都能尊重彼此，

就必须将孩子教养成温和、自重的人。

如果生育与否必须“请求”这个体制允许，我们就跟奴隶没有什么两样。生育与否，必须操控在自己手中。

——摘自桑加·强生所著的

《从家庭主妇到异教徒》

我想要谈谈孩子和为人母的问题。我知道，在我许多的人生阶段中，我曾经拥有不少孩子。但在这个人生阶段里，我并没有拥有他们。我相信，这个情况对于此时的我来说是最完美的安排。因为宇宙用丰富的人生经验填满我的生命，使我成为数百万孩子的代母。

请不要接受“女人没有孩子，就无法实现自我”的信念。这信念或许适用于大多数女人，但不是全部。我们的社会之所以坚持女人一定要有孩子，其实是要女人恪守本分。我一直相信每件事都有它的理由。如果这一辈子你没有生下一儿半女，或许意味着你有其他使命。如果你渴望有孩子并以此为憾，那么为你的遭遇哀悼吧！然后继续往前迈进，别老是坐着悲伤哀悼。肯定地告诉自己："我知道发生在我生命中的每一件事，都是为了我至高无上的善。"

这个世界上有许多被父母遗弃的孩子。如果真的想满足这种身体的本能，伸出援手收养弃儿是不错的选择。我们可以像母亲一样照顾其他女性，保护迷途的女人，让她们在我们的羽翼下重新振翅飞翔，也可以援救动物。我目前养了四只狗和两只小兔子，这些动物都是从动物避难所领养回来的，每一只动物背后都有一段受虐故事。从这些过程中，我学到一件事：只要有人对我们（动物亦然）付出一整年的爱，我们的生命将有奇迹出现。事实上，我们有许多渠道可以改善这个世界。

远离不孕治疗

一种销售“不孕治疗”的庞大产业正在兴起之中，它已然发展成营业额高达二十亿美元的企业。许多产业经常会采用攻势凌厉的推销术。目前，几乎没有任何条例可以规范这个产业。当然，你不会想把生命置之度外，拿怀孕当作自暴自弃的身体操练。虽然体外受精已经变成新的社会时尚，不过并非健康的方式。如果你的身体想怀胎生子，它必将如此。如果你的身体不想受孕，也一定有个好理由。接受它吧！你这一生还有好多事情可以做，也许你会发现某个令你惊喜的召唤。

事实上，我个人的看法是要远离不孕治疗，因为我们对于这类实验所知有限。在你决定进行不孕治疗前，请三思而行。详读所有有关不孕治疗的报道，不要光看妇产科递给你的资料，你不仅要消息灵通还得明智。

在我们的文化里，堕胎是个极具争议性的话题，许多人持有偏激的看法。我们认为堕胎是道德议题。事实上，反堕胎团体真正要维护的是，妇女们必须恪守本分这项传统。我们必须生儿育女，而且为家人服务。对于女人来说，作出堕胎决定一直很困难。虽然不堕胎是比较好的做法，但是我绝不会谴责适遇紧急情况的妇女作此决定。我曾经听说，墨西哥北巴哈省的印第安女巫们有一种可以避孕的草药。她们的族人必须服用两次，同时采取绝对的生育控制达八年之久，完全没有副作用。我一向认为，如果我们愿意学习大自然的奥秘，任何病症都有治疗方法。然而，我们这群比较“文明”、有教养的人却远离大自然，求助于化学及手术解决问题。

期待有朝一日，我们能学会以智慧决定接受或拒绝怀孕，这是我们可以用心灵处理的事情之一，只是我们还没有学会怎么做而已。许多科学家声称，人类的智力只开发了百分之十。我确信，有一天我们会释放其他的百分之九十，届时便会发现我们拥有自身无法想象的庞大力量。

教育孩子爱自己

许多单亲妈妈努力地把孩子们抚养长大，这是一项非常艰辛的工作，因此我要向每一位辛苦走来的妈妈鼓掌致意。

这些妇女深切地体会到“疲倦”的滋味。由于时下的离婚率极高，所以，每一位新娘在怀孕之前必须先自问：“我是否愿意而且有能力独力抚养我的小孩？”养小孩远比许多新娘想象的更为操劳，而单亲妈妈要抚养孩子更是难上加难。作为社会的一分子，我们极力要求政府提供所有职业妇女足够的幼儿托育，而妇女们必须协力促进妇幼法规的通过。

身为母亲，我们不必成为“女超人”，也不必扮演“完美的双亲”。如果你想学习一些新的育儿技巧，就读几本探讨教养问题的好书。如果你是个慈爱的母亲，孩子长大后极可能变成你的知交。他们会成为能自我实现的成功人士，而自我实现会为他们带来内在平和。我认为，我们能为孩子做的最好的一件事，就是学会爱自己，因为孩子们永远是有样学样的。如果你愿意改善你的生命品质，孩子也会愿意改善自己。如果你能尊重自己，家人也会尊重他们自己。

单亲妈妈也有积极自信的一面。今天，许多女人有机会教养她们的儿子成为她们想要的男人。她们对男人的行径和处事态度抱怨连连，却要抚养他们的儿子长大。如果我们想要的是亲切、慈爱、有温柔一面的男人，能不能教养儿子成为那个样子，就取决于我们了。在男人、丈夫身上，你想得到什么呢？建议你写下来，就会非常清楚自己想要什么，然后教导你的儿子成为那样的人。他的妻子将会因此而爱你，你和儿子也会永远保有良好的亲密关系。

如果你是个单亲妈妈，请不要苛刻地批评前夫，这只会教导你的孩子婚姻是一个战场。母亲对于孩子的影响更甚于其他人。妈妈们团结起来吧！当女人们共同朝着目标努力，就可以拥有我们想要的那类型男人——只需要花费一代的时间。

我希望所有的小学，每天都能有教导孩子们自尊与培养自我价值感方面的课程。如果能强化孩子们这方面的能力，他们以后就能成为有能力、有自信的大人。我时常收到学校老师寄来的信件，告诉我，他们用这些方法教学生后，效果非常好。我很高兴这些方法也适合小朋友。通常老师们负责带一个年级的小朋友，因此，可以慢慢灌输给每个小孩一些正面想法。

当我们的女儿学会强化自己后，就不会允许别人以任何方式虐待或贬抑她们。而且，我们的儿子也会学习尊重每一个人，包括他们生命中所有的女性。没有任何一个小男孩生来就是个施虐者，也没有任何一个小女孩生来就是个受害者，或是个缺乏自我价值的人。凌虐别人和缺乏自尊，都是学习而来的行为。孩子们的暴力行为和接受当受害者的心态，都是大人教导的。如果希望这个社会所有的成年人都能尊重彼此，就必须教养我们的孩子成为温和、自重的人。唯有如此，两性之间才能真正地尊敬彼此。

如果你是单亲妈妈，你有机会成为孩子的榜样。你可以教导孩子说出肯定言辞和照镜子练习，孩子们会喜欢照镜子练习的。在镜子前面和孩子一同做这个练习，可以为彼此说出肯定言辞，帮助彼此建构正面经验，肯定自己能拥有美好的生活。让孩子知道他们的想法有多么重要。孩子们必须学会为自己的人生经历负起责任；在其生命中与父母扮演了共同创造者的角色这一点会带给他们改变的力量。

许多父母亲常有抑制情绪的倾向。在每一则婚姻案例中，常有一些无法说出口或难以沟通的问题尚未处理。通常孩子们会有样学样，并再度上演一遍这些问题。当孩子们开始反映出父母受压抑的情绪后，所谓的“糟糕的两代人”便真正出现了。十几岁的孩子正处于这种对峙形态的高峰期。不少父母们倾向于责备孩子，而不是清除自己的情绪垃圾。如果你的孩子行为不良，他们可能从你身上学到何种情绪问题呢？当你释除怨恨、宽恕你的孩子后，你会发现你的孩子奇迹般地变好了。

生活中我们经常混淆“信差”（messenger）和“信息”（message），因而错过了重要的一课。当我们或别人的孩子做了让我们恼怒的事时，我们通常会气急败坏地责备他们。我们并不了解，这些人只是我们生命大戏中的一个角色，他们反映出我们内心的某些信念、思考模式或压抑的情绪问题，为我们指出某些问题，让我们有机会释放它们。下一次，当你非常气恼某人时，试着退让一步自问：“我要从这里学会什么功课？这个事件提醒我从孩子身上了解什么？我寻求的生命模式是什么？我愿意宽恕自己或是那些伤害我的人吗？”

我们的孩子和朋友经常会揭露我们不想检视或处理的问题，而我们也的确喜欢从生活的功课中学习与成长。

第 6 章

创造健康人生

当我们真正了解身心的连接之后，
大部分的健康问题都会无疾而终了。

女人对于各种疗愈身体的方法，必须保持信息畅通。我们不能只依赖成药制造商，电视上的广告绝不会提供我们需要的资讯。药店卖的药可能掩蔽某种疾病的症状，却无法真正疗愈我们。如果我们对于女人的使命抱持老旧信念，并且继续用老方法处理我们的健康，总有一天会发现做个有力量的女人是很困难的。

对我们来说，现在正是我们从医学和制药业收回自己权利的时候。有些“高科技”的药物既昂贵又有损健康。现在也是我们学习如何管理自己身体，为自己创造良好的健康状态，借以挽救数百万生命及省下数十亿消费额的时候了。当我们真正了解身心的连接之后，大部分的健康问题都会消失。

健康食品店有许多教我们如何维持身体健康的刊物。你对关于自己与生命方面所知的一切，将会赋予你力量。

饮食的重要性

营养在健康和幸福方面，扮演了极端重要的角色。从许多方面来看，我们都是由吃下的东西构成的。我对于食物的基本哲学是：如果食物是会生长的，我就吃，如果不会生长就少吃或不吃，像水果、蔬菜、坚果和谷类都是会生长的，而加工起司和可乐是不会生长的。多吸收营养方面的知识吧！这对你的健康绝对必要。

女人将要度过漫长的一段人生，因此要做许多工作，才能让这个星球更适合所有女人居住。为了达到这个目的，我们必须是坚强、灵活、健康的。当你看到一些脆弱、生病、无能力的老妇人时，其实你正在检视她营养不良、缺乏运动，而且聚积无数负面想法和信念的一生。我们没有必要过那样的日子，必须学习如何照顾我们优美的身躯，以便在开始衰老后还能保持完美体形。最近，我做了一次身体检查，医生告诉我，对于我这一把年纪的人来说，身体状况出奇的好。他的说法令我不安，似乎在他的认知范围里七十岁的女人应该体弱多病才对。

你体内的细胞正活蹦乱跳着，它们需要食物去生长与繁殖。新鲜的食物对于我们的饮食非常重要。生命已经提供一切我们需要喂养自己和维持健康的食物，我们吃得越简单就越健康。我们需要注意吃进了什么，因为如果自己不留意，谁会帮我们留意呢？留意吃了什么，寻找可以带给你活力的食物。

尽可能吃有机水果和蔬菜。我从安卓 · 魏耳医生《自我疗愈》（*Self-Healing*）这本月刊中知道，超级市场的蔬果中，杀虫剂含量的多寡依次为：草莓、桃子、甜瓜、芹菜、苹果、杏子、青豆、葡萄和黄瓜等。

别听信瘦身业者或肉品商的话。他们并不关心你的健康，只对自己的利益有兴趣。吃过多的红肉和瘦身产品对健康并没有益处。咖啡因和糖是另外两种造成妇女大部分健康问题的罪魁祸首。以健康的态度学会吃，你的身体会增强活力来感谢你。找回你的能量，学习认识你的身体吧！当你为了健康而吃时，永远不必节食。

运动的益处

要增进幸福最好的方法之一是做运动。运动对于我们的健康是必须的，如果完全不运动，骨头会越来越脆弱，它们需要运动才能维持强壮。女人的寿命一向比较长，因此应该能跑、能跳、能手舞足蹈，直到咽下最后一口气那天。不妨找些喜欢的运动做。你为自己做的每一件事，不是爱自己就是恨自己的表现。运动是爱自己的表现，而爱自己是让你在各个生命领域中都能成功制胜的关键。

有一种很棒的“一分钟”运动，就是上下跳跃一百次，这是快速、简便，并且让你通体舒畅的运动。为自己准备一张迷你弹簧床，并且在上面跳动，刚开始要缓和些。这确实是个有趣的运动，它可以帮助你清洁淋巴系统，并且强化心脏和骨骼。现在，迷你弹簧床的发明人虽然已经八十多岁了，可还在传播运动可以防止衰老的理念。千万别相信你老得不能动了。

戒烟的重要

戒烟是为自己争取更多的健康。身为吸烟者，即使不死于与香烟有关的疾病，也会产生一系列健康问题。从卵巢问题、肺癌、心脏病到骨质疏松，香烟增强了发病的风险。如果某位准妈妈在怀胎九个月期间持续抽烟，足以证明上瘾行为和自我否定对她具有决定性的影响。仅仅为了美丽这个好理由，就有必要戒烟。因为抽烟会扩大毛孔、增加嘴边的皱纹，并且让肌肤提早老化，还会让女人发出烟灰缸似的污浊气味。戒烟对容颜会有很大帮助。健康食品店里有许多产品可以帮你重新调理身体。针灸治疗、催眠和中药都有减轻烟瘾的疗效。当你尊重自己的身体后，你的身体也会爱你。从你的身体移开伤害性的物质，便是爱自己的表现。

自然、正常的更年期

更年期是一种正常、自然的人生过程。它并不是一种病。濒临更年期时，如果体内有太多毒素，整个过程就会更不舒服。相反的，越好好地照顾自己的身体，更年期就越轻松。更年期协调与否，取决于我们如何看待自己，以及青春期以后如何照顾自己。更年期不协调的女人，通常都有长期自我印象恶劣的问题。

十九世纪女性的平均寿命大约是四十九岁。在那个年代，更年期并不是重要问题。因为等到了更年期，女性已经走到生命的尽头了。今天，我们的平均寿命大约是八十岁，而且将会迈向九十岁大关，因此更年期是个必须面对的重要议题。现今，越来越多的女性选择采取更积极、更负责任的态度照顾健康，让身体和谐地成长，同时自然而然地展开更年期这种生命的变化历程，没有不舒服的感觉或是减损自己的能力。婴儿潮时代诞生的女性正迈向一个新纪元，也就形成了所谓的“更年潮”。而随着婴儿潮孩子的逐渐成熟，许多女性对于生命中更年期变化的兴趣也在剧增之中。据估计，二〇〇〇年之前，美国约有六千万名女性面临更年期。

传统的印第安妇女并没有更年期经验，她们一直有月经直到死亡那天为止。月经被印第安妇女视为健康象征。今天，落后我们这时代一百年的北巴哈族妇女，到了垂垂老矣还有月经，她们并不知道更年期为何物，因此有人曾经探索她们的保健之道。过去，印第安妇女到了六十多岁还怀胎生子是很正常的。当然，现代人由于快速的生活步调、不均衡的饮食等，这种现象已经越来越少见了。不过我确信，如果研究世界上更多的土著文化，会发现更多处置月经的自然方式。我听说，传统的日本女人没有更年期潮红的原因之一是，她们吃了许多大豆制品。

降低药物的治疗

在西方，雌激素治疗吓着了我。我们大部分的信息都来自制药公司，而他们显然乐于推销化学制品。我同意它对某些妇女具有积极疗效。然而，我不认为某些医生建议“从女性的青春期到走进墓穴这段时间，大规模地对她们进行雌激素治疗”是个好主意。现在，倍美力（Premarin）这种用怀孕母马的尿制成的产品风行全美。这种东西怎么可能对所有妇女的身体都有帮助呢？大自然用她所有的智慧创造我们的身体，让我们完美运作到最后一天，让我们的身体能自我疗愈而且活得长长久久。我们必须信赖自然之道与我们的内在智慧，而不要听信一些利益团体的话，因为他们希望我们相信：我们的身体在更年期会随着疾病恶化。

我很想看到以健康妇女为对象的研究，看她们是否没有任何不适地度过更年期。我更年期的时候只有一次潮红现象，后来接受了一次同种疗法（或称顺势疗法），就不再有潮红了。

我们都知道，黄体酮往往比雌激素对我们更有益。许多时候，当我们认为雌激素不足时，其实缺乏的是黄体酮。由野生墨西哥马铃薯制成的天然黄体酮，同样可以刺激骨头形成。它会刺激成骨细胞长出新的骨质。请记住：骨头是活的组织，因此骨质流失是可以恢复的。你可以在健康食品店里买到呈乳脂状的天然黄体酮。这种乳脂状食品可以让体内的柔软组织充分吸收，一点也没有合成雌激素的副作用，而且还能缓和经前症候群及许多更年期症状。

我并没有暗示所有的荷尔蒙替代治疗（HRT）对妇女都没有助益。然而，目前许多医学界的权威宣称，所有的妇女从停经开始一直到死亡，都需要做荷尔蒙替代治疗，这种带有轻视意味的声明，简直是宣告中年妇女罹患了不治之症。本质上，我建议我们要为自己身心的和谐与平衡努力，才能让会使人衰弱的高副作用药物治疗没有存在的必要。

计划更年期

对于生命中出现的一切事物，每个人都拥有不同程度的心理准备和接受意愿。当身心发生根深蒂固的问题时，对许多人来说，要带它进入和谐状态所需要的责任和承诺都太沉重了，因此，需要从医学界或是其他来源得到帮助，直到我们感觉准备妥当或是足够安全来面对影响我们健康的某些问题（例如，对自我价值的信念）为止。父系社会里有个很普遍的信念是：女人如果不能生育的话，几乎没有任何价值。这是许多妇女恐惧且抗拒更年期的原因吗？雌激素治疗无法处理这类问题，只有我们的心和理智才能改善这些认知。

我要重述一次：更年期不是病。它是一种正常、自然的生命过程。然而，更年期成了行销上的一笔大生意，而且几乎我们所有的知识都来自制药公司。女人绝对有必要训练自己作出真正的选择。珊卓拉·科尼所著的《更年期产业》（*The Menopause Industry*）一书指出，二十世纪六十年代之前医生们对于更年期并不感兴趣。他们告诉妇女，一切都是她们的脑子在作祟。书中还声明：“没有任何领域比更年期更能清楚地阐述医学上的性别歧视。”将更年期视为疾病，是社会制约下的新观点。当你要经历这段生命的时光时，许多营养师使用的草药和疗法都非常有帮助，也有其他自然物质可以代替雌激素。记住，今天的妇女是一群开拓者，我们正努力改变陈旧、负面的信念模式，以便我们的下一代在更年期不必再受苦受难。我们可以像计划怀孕一样，学习计划我们的更年期。

在每天的静坐冥想中，一定要把爱送给身体的每一部分，尤其是整个生殖器生育的部位。谢谢这些器官提供你这么好的服务。告诉它们，你将尽你所能维持它们的健康，和身体的这些部分开展亲密关系。尊敬你的身体就会强化这些器官，问问你的子宫或卵巢需要什么。同时为你的更年期预做计划，让你的器官和情绪在这个单纯的过渡期里感到舒适。喜爱自我疗愈而且爱你的身体，将可以帮助你营造幸福。

整形手术有必要吗

手术并没有什么不对，只要动手术的理由是正当的。我们必须清楚地知道，手术不会治愈情绪问题，不会消解自我厌恶，更不会挽救一桩婚姻。我们会做整形手术，常是因为觉得自己不够好。倘若只做手术，绝不会觉得自己够好，因为手术不能治疗信念。当我看到整形手术广告如雨后春笋般冒出时，我知道这种产业会加重女人缺乏自我价值的情形。

我见过一些极度厌恶自我的女性去做整形手术，因为她们认为这可以使她们变得更美丽。由于自我厌恶，她们会挑选不当的手术，所以手术后看起来比手术前更糟。我记得有一位非常美丽的女孩，缺乏自我价值也不爱自己，觉得要给鼻子整容，她的容貌才会吸引人。她为了不当理由坚持整容，现在，她的鼻子看起来好像猪鼻子。事实上，她的问题跟鼻子一点关系也没有。

你不能也无法如愿利用整形手术改善自我价值，你也许会有短暂进步，但很快地，你以前的低价值感又会浮现脑际，你会开始思考，哦，或许我该把其他的皱纹弄掉……这样的过程，永远没有终止的一天。不久前，有人告诉我，当我的手肘像我的年龄一样变得松松垮垮时，手肘手术可以改善我的情况。我告诉自己："哦，天啊！我们要走火入魔到什么地步？穿件长袖衣裳不是容易得多？"但是，媒体却为我们安排花样更多的广告。根据广告商的意见，所有女性都必须是无皱纹、不肥胖、有厌食症、容貌姣好的青春少女模样。然而，我们不能把所有的错都怪罪于广告商——我们是购买他们商品的那群人。我相信，当女人显露更多自我价值与自尊后，就不会在乎杂志说些什么，而广告的诉求也会随之改变。

别让医生拿你的身体做实验。当我们用不自然的方式逼迫身体做某些事，或是取得某些身体不想拥有的东西时，我们是在自找麻烦。别戏弄自然之母。瞧瞧许多女性随着隆乳而来的诸多问题。如果胸部很小，也要为它们感到高兴。用肯定言辞传递爱给胸部，这么做可以增加某些女性的胸部尺寸。爱你的身体是一种很好的方式，因为你的身体会喜欢被爱。我还相信，当你今生决定化为人形时，你的身体完全是自己选的。要对自己的一切感到满意，尤其不要用改变你的身体的方式去取悦其他人。如果这些人不喜欢你真实的模样，那么在你为他们牺牲身体后，他们也不会多爱你一点。所以，如果决定动个小手术，要非常清楚自己为什么这样做。在手术前、手术中、手术后将丰盈的爱植入体内，说些肯定言辞："我有一位有爱心的外科医生，他的手术做得很棒，又快又从容，一切都完美地进行着。这位医生以让我快速复原为乐，我很高兴有这样的结果。一切都很美好，我是安全的。"

学习说"不"

我注意到，很多罹患乳癌的女性都有一致的思考模式。这些女性不敢说"不"到了惊人的地步。乳房是滋养生命的表征，而在乳癌患者的世界里，她们似乎滋养了每个人，除了她们自己。她们发现，要拒绝别人是很困难的。成长过程中，她们的父母通常会用罪恶感和操控来管束她们。长大成人后，她们变成了取悦者，围绕在她们身边的人，会不断要求她们做些令她们觉得不舒服的事。这些妇女为了别人而持续扭曲自己，她们会说“是”来答应这些请求，而事实上她们并不想做。她们一再付出，却没有留给自己半点滋养的东西。

刚开始学习说“不”可能很困难，因为周遭与你互动的人已经习惯你说“是”了。所以第一次说“不”的时候，他们会很生气，这样的反应是可以预料的。任何人刚开始学习说“不”时，都必须忍耐别人的发怒。第一次开口说“不”尤其艰难。当你学习说“不”时，重要的一件事就是别找借口，因为一旦有了开始，就会说上瘾，而其他人会一直说服你摆脱借口。因此，只要简单说“不”。“不，我不会那么做”“我不再那样了”“不，我不再做那件事了”，任何明确传递“不”这个简短信息的陈述，都会达成目的。其他人会明显地生气，那时你必须清楚他们生气跟你完全没有关系，而是他们自己的问题。只要记得告诉自己：“当我向你说‘不’的时候，就是在向自己说‘是’。”向自己重述这强而有力的肯定言辞，它会让你觉得心情愉快。你对别人说

“不”不到三次，他们就会了解你已经脱胎换骨，便停止要求你了，你的内心深处已经完全不一样了。

对于习惯取悦别人的人来说，开口说出第一个“不”字，也许非常困难。我记得第一次维护自己的立场时，心中忐忑不安，我以为我的世界快要完了，我要失去它了。事实上，我的世界并没有结束；它改变了，我也更加自重了。所以，你要了解这只是你必须经历的生命历程而已。别人之所以生气，是因为你没有付出或是过度付出，他们甚至认为你自私。但是他们真正想说的是，你没有依照他们的要求去做，这就是他们的用意所在。记住，当你对他们说“不”时，你正在对自己说“是”，与此同时，你也解消了内在的怨恨。

我认识一位刚离开丈夫身边的女士有一段时间了。现在，她的丈夫搞砸事情时，没有人可以责怪了。因为不可能是他太太的错——她甚至不在场。他正在学习以不同角度看待他的妻子。另外，两个成年的儿子也开始尊重她了，因为她已经能维护自己了。她正在做的都是为了改变自己而做的事。冷眼旁观这一家人的变化是非常有趣的事。对她来说，要采取行动并不容易，但是她做到了，整个生命也有了极大转变。对所有女人来说，当她需要问自己“怎样做对自己最好”时，就是改变自己的时候了。这个新问题值得女性深思。安·蓝德斯（Ann Landers）劝想要分居或离婚的女性朋友自问：“我离开或是留下来哪一种比较好？”

照顾心脏

我们听过许多有关乳癌危险性的说法，却很少听说女性罹患心脏病的危险。然而，心脏病也是女性死亡率高的原因之一，女人比男人更有可能死于冠状动脉绕道手术的并发症。

对女性来说，照顾心脏是非常重要的。高脂肪食物对任何人都不好。从生理的角度来看，高脂肪食物、缺乏运动以及抽烟，都会引发循环系统的疾病，这些都是我们可以处理的东西。我们的心脏不会侵袭我们，我们才会侵袭自己的心脏。

从情绪的角度来看，心脏和血液，代表我们儿时与家庭之间的爱和喜悦。有心脏病的女性，往往有些尚待处理的家庭问题，她们的生命既没有喜悦也没有爱。这些难题可能阻挡爱和喜悦进入她们的生命之中，因为她们害怕让爱进入内心深处。封闭我们去爱的心，象征我们关掉流向心脏的生命活力。

引起许多疾病的情绪因素，都和宽恕有关。宽恕这门心灵功课，对所有的人都是高难度的。然而，如果我们想真正疗愈自我，每个人都必须修习这门课程。每个人都经历过某种形式的背叛、损失和虐待。宽恕过往的际遇和伤害我们的人，可以让我们的心灵变得成熟。往者已矣，再也无法改变，释放它们吧！让我们从过往的羁绊中重获自由。释放过往，才能自由地活在当下。如果沉溺于过往的伤痛中，无法宽恕别人，就不可能过快乐、健康、丰富、自由的日子，而这些都是我们最重要的生命课题。因此，学会宽恕别人、爱自己以及活在当下，是每一个人最重要的心灵功课，而这门功课可以疗愈我们的心。

每天一次静静地坐着，双手放在胸前。把爱传给你的心，并且感受心传给你的爱。它在你出生之前就已经开始跳动了，只要选择活下去，就会继续为你工作。观照你的心，看看是否有任何痛苦或怨恨逗留不去，用宽恕和体谅轻柔地把它们洗涤干净。如果能观照到更宽广的心灵图像，就会懂得这一门功课。把爱发送给每一位家人，同时宽恕他们。感受一下让心放轻松，正处于平和状态的感觉。你的心就是爱，而你体脉中的血液就是喜悦。此时此刻，你充满爱的那颗心把喜乐灌满你的身体。一切都是美好的，而且你是安全的。

第 7 章

争取性的权利

女人最脆弱的时候，就是受到暴力行为和性虐待时。

我们必须建立自我价值，勇敢说“不”。

我想要简要讨论我对性的一些看法（虽然这些看法可能不受欢迎），以及目前正在发生的一些变化。也许我们需要调整自己对这个生活领域的思考。我们的社会对于性持有许多谴责性的信念。请记住：无论你的性倾向为何，它对你都是最完美的。

当我们论及亲密关系时，这个观念适用于所有人，无论你的亲密关系是异性恋或是同性恋。现在，即使科学也承认性倾向是与生俱来而不是选择而来的。如果你是个异性恋者，不妨想象有人要你变成女同性恋者的感觉，那几乎是不可能的事。所以，当你要求某个女同性恋者变成异性恋者，也同样不可能。我认为，我们必须为了我们声讨女同性恋者的骇人方式，向这些姊妹道歉。从最坏的层面来看，这是一种种族上的驱逐。事实上，我们不能为了像性这么简单自然的东西，贬抑自己或任何人。这种特殊的社会偏见，将使我们无法享有更大的生命格局。爱自己本然的面貌吧。

今天，我们发现有许多老妇人开始探索同性恋的生活形态，并将亲密关系的对象转向其他女性，过去她们绝不可能这么做。由于这个年龄层男性的缺乏，这种转变具有完美意义。当爱等候着我们时，为什么我们偏要选择独自一人呢？和其他女性的亲密关系，会展现出女性前所未有的感情深度。在亲密关系中的女性，比许多男性更会疼爱、关怀对方。同样的，当我们逐渐衰老后，其他女性往往更能接受及体谅我们身体的变化。

拥有性的选择权

许多人也许不知道，在维多利亚时代，为了经商、从事政治活动以及养育孩子等原因，男女盛行分居生活，使得男女关系受到极度扭曲。影响所及，许多妇女会转向其他女性寻求高度的亲密关系。有位女性写了好几页的日记谈论她的某位女友，却轻描淡写地指出："昨晚，我接受 S 先生的求婚了。"年轻的中产阶级男人之间浪漫的情谊也屡见不鲜。当时没有人认为这种关系是同性恋的征兆。事实上，这个名词一直到十九世纪末才见之于世，这也是卖淫大行其道的时代。纽约市一名娼妓一天要接待六十四名男客，乔治亚州的赛芬拿则为一对三十九的比率。

因此，我的论点是：爱会出现在我们找寻的地方。从这个国度到那个国度，从这个世纪到下个世纪，爱情的时尚一直在变化之中。当时，我们拥有某些所谓的行为基准，但它们终将改变。我们必须了解，如果我们愿意接受，我们的确拥有性的选择权。只要我们有一颗爱人的心，而且只想给周遭每个人最好的东西，就应该自由地作出自己的选择。我们之中有些人甚至会选择当个无性恋者，这也未尝不可。让我们丢掉批评，并且当我们发现爱时，好好享受它。在付出与接受爱的同时，我们不仅滋养了自己的灵魂，也散发出更好的生命活力。

勇敢说出性骚扰

你是否曾经遭到奸污或强暴，却没有吐露半个字？当某个男人和你意见不同时，你责备过自己几次？“哦，也许是我的错。我只是随便猜猜。哦，好吧！他和我的想法并不抵触。这没有我以前遇到过的事那么糟。”

每位正在读这本书的女性，或许都曾经遭受过言语虐待，或是遇到过抢夺、偷窃，或被无权触摸我们的人爱抚。然而，大多数人都会保持缄默，什么也不说。现在，是我们学习挺身而出、声讨施虐者的时候了。如果忍气吞声，永远也无法断绝别人的胡闹。

最近我的家中发生了一件事，这和一对为我工作的英籍管家夫妇有关，将近四年，他们把我、我的房子和我养的小动物照顾得无微不至。在此期间一切都很好，后来开始有些风吹草动，而且都和男管家有关。由于事情微不足道，我并没有放在心上，这是我犯下的重大错误。他越来越懒，甚至让他的妻子承担了三分之二的工作。也开始忘记我才是雇主，言行举止间宛如这栋房子是他的。另外，他变得太热络了，好像他是我的知交好友。这一切在不知不觉中发生，直到积重难返。此刻，我才发现我没有正确解读这些信号，也没有适当保持我的生活界限。我了解自己的问题在于：我没有尊重心中传来的幽微感觉，而它告诉我有些事情不对劲。我开始小心翼翼，以免惊扰他，好让他保持良好情绪。

我七十岁生日那天，办了一场很棒的庆生舞会，第二天，我发现他对我的好几位女性朋友毛手毛脚。我和其中几人交谈后，才知道一年多来，他在很多宴会上都是这副德行，但是没有任何一个人告诉我。一旦他的幌子被拆穿了，有关他的私情的小报告，就像水库泄洪般向我身上大量倾倒。原来，他袭击过我的几名员工，还调戏过其中几个。甚至趁我出城时，在我家里企图强奸我的私人秘书。我吓呆了。这种事竟然会发生在露易丝·海的朋友和员工身上！但是，她们为什么不告诉我呢？因为她们受到惊吓不知如何是好——她们各有不同的理由。你或许知道一部分理由是什么，因为你自己可能用过。回溯过往，我记得我一直在忍受各种形式的性虐待，而且只想从这种情境中逃脱出来，让事情就此结束。但是，实际上我有几次大胆地说出来或是揭发对方的恶行呢？

我还发现这个男人虐待他的妻子，在她身上经常可以看到青一块紫一块。我开始思索和审视我们长期保守的秘密，试图查明我们如何让男人侵犯我们的生命空间和尊严，并且如愿得逞的原因。原来，恐惧让我们彻底屈服了。当我听完这些故事后，一股巨大的悲哀攫住我的心头，很可能它只是冰山的一角。我为一切已发生的恶行，向所有参加我七十岁生日舞会的女友们致歉。

我有一位非常亲密的女友，她一直和我分享生活中的点点滴滴——她自认为是个即使不滔滔雄辩也充满自信的开朗女性。可是当她处理某件性虐待事件时，第一个反应便是保持缄默、息事宁人。

采取具体行动

无论如何，这些事情在我家中已经发生一段时间了，我得采取某些行动，因为这个男人实在太嚣张了。我组织了一支后援队，因为我没办法独自面对他和他的妻子。即便可以，如果我对我的消息不够信任，也可能轻易接受他全盘否认的精彩表演。当他了解我不相信他编造的谎言后，便开始露出恶毒、狰狞的面目。然而，我不仅有后援队，手上还握有电话，很容易拨通求救电话。我告诉他，我希望他在明天早上以前离开这间屋子，滚出我的花园住宅。我的掌心在冒汗，肚子里梗了一个硬块，但是我感觉到内心发出一股力量。对我来说，勇敢面对一个六尺五寸高的盛怒男人并不是容易的事。尽管我极度怜悯他的妻子，却明白她在为虎作伥，她对于自己的丈夫玩弄女人一事，唯一能做的就是全盘否认或是责备他调戏的对象。通常，当丈夫是个好色之徒或施虐者时，做太太的都会予以否认，并且诿过于其他女人。因此，他们这一对无辜者和施虐者其实是“狼狈为奸”。三个半小时后，他们收拾好包袱，离开了这间屋子。

翌日，我的女友打电话给我，令我难以置信的是，她告诉我事实上她很犹豫：“我可以这样认定吗？我是否也有错？为了大胆说出事实，我可以不惜让一个男人被炒鱿鱼吗？”女人很容易释放过往，不是吗？我们是谁——毕竟只是“小女孩”——有什么分量说话呢？或许我们料想得到状况，可是通常会相信男人的否认。我们的生命底线和尊严已经发出抗议的声音了。在我们内心深处的老旧声音，促使我们更进一步贬抑我们自己。各式各样的否认不断上演着。女性被恐惧控制了许多年。由于惧怕（通常是有正当理由的），我们允许这种事在生命过程中一再发生。过去，如果我们能勇敢揭发真相，对我们的生命将有深远的意义。即使到了现在，有的国家还沿用以石头砸死通奸者的法律，它指的也是用石头砸死女人——绝不会是男人。

改变反应模式

在我清楚地看出在我家中发生了什么问题后，马上采取适当行动终止这种情况。我还打电话给一位杰出的心理治疗师，和她约定见面时间。即使过去我已经做过许多心理治疗，但我十分明白我的内心必然还存有吸引这种行为的元素——这种暴力行为不仅是冲着我而来的，而且是发生在我的家中。我要想尽办法清除心中残余的思考模式。

我的治疗师问我，我对儿时强暴我的继父是否还有余怒，我告诉她："我不记得有任何怒气，只有恐惧。"

她又问："嗯，你是否曾在狂怒下顶撞你的继父？"我立刻知道她从来没有被虐待过。事实上，我每天被打，就是因为他要我做个最乖巧的小女孩，如果我胆敢顶嘴，我不知道会有什么下场。不，我不记得任何愤怒，只记得害怕和恐惧。

当我们被打到乖乖顺服的地步时，我们失去了一切改变现状的希望。等我们长大成人后，依然被我们内在小女孩的情绪反应所控制，而家中是上演这种悲剧的最佳场所，因为小女孩们绝不会大肆张扬。所以，我们必须教导读小学或是更小的女孩们，倘若有人以某种方式虐待她们，她们必须大胆地说出来。如果想把这个世界营造成到处都适合女性居住的安全地方，便必须改变我们的反应，即使这么做似乎很困难。开除那个男人是我勇敢面对继父的方式，这一点是我儿时做不到的。

在我的工作坊里，我营造出非常融洽的气氛。每个客户谈到和海氏书坊（Hay House Inc.）做生意，都觉得是非常美妙的经验。我拥有一群快乐的员工。最近一位前任的工会干部告诉我，他从来没有见过任何一家公司的员工如此快乐。然而，在我自己家里却允许污辱、欺凌女性的恶行发生，只因为我没有解读出其中的信号，而且不知为了什么，我不想兴师问罪。

从某个角度来看，这种情况的发生是一种恩惠，因为现在我会大胆且大声地为（向）所有女性说话。如果我不这样做，又怎能期待其他女性也能表达她们的意见？许多女性将男人视为有权力的人物，却将自己视为受害者。这就是我们被抚养长大的过程——让我们以为即使我们努力尝试也赢不了。不受重视、不被尊重、被剥夺权利的女人们有非常多隐伏的心理问题。我们要为自我价值奋斗，尽管我们知道大声说出性骚扰，是很困难甚至不可能的事。所有女性接受的服从训练是如此的根深蒂固，因此我们必须学习对于生活界限最轻微的侵犯保持警醒。

我们被教导把男人的重担背负在自己身上——首先是我们的父亲，接着是男友、上司以及丈夫。这么做由来已久，可是我们并不以为忤。我们必须阻止一再上演这样的事件。由于害怕难堪和暴力，我们保持缄默。多少女性生活在战地的氛围中，又有多少孩子在这种环境里长大成人？女人该如何终止这一切呢？凭着知道自己做得到，凭着拒绝沉默。是我们女人允许这些事件发生的，也应该由我们负责终止。如果没有女人的允许（无论正式或非正式的），它不可能持续这么长的时间。我们必须阻止这类事情的继续发生。

拒绝沉默

如果我们愿意警醒地说“不”，就可以养成说“不”的习惯，然后便能改变整个受虐处境。对所有女性和整个社会来说，保持沉默是一种损伤。从女性解放运动开始，迄今为止已有二十五个年头了，而这类恶行——语言暴力和性侵犯依然如此盛行。在许多工作场所，这种现象似乎是一种常态，这都是妇女们一味隐忍的结果。现在是不再允许我们被周遭的人虐待或自虐的时候了，让我们说实话、说出秘密，公开真相会终止这类恶行。如果男人受到惩罚，就会停止做坏事。别和男人沆瀣一气——这么做会羞辱自己，也会羞辱所有女人。今天，只要我们站起来，大胆地说出真相，就不必再接受任何形式的虐待。每个大胆揭露真相的人，都为其他人建构了说实话的空间。

我们必须学习建立让我们得到尊敬的生活界限。女性需要建造哪些生活界限，确保我们永远受到尊敬呢？最基本的是，必须相信自己值得被尊重。通常，我们并不了解危险的信号，它告诉我们某些事情不对劲，因此一旦有事情发生，便是引起震惊的事件或是暴行。强暴是一种权力游戏，它可以支配和操控我们。我们之所以保持缄默，是因为我们害怕丢掉工作，害怕反弹会让恶行继续发生。甚至当我们和一个不戴安全套的男人做爱时，也会保持缄默。我们应该大胆说出并且高声叫嚷："我尊重自己，不会让你危害我。戴上安全套，不然就离开！"但是我们做了吗？由于害怕、困窘和羞愧，我们很少如此。

当我们保持缄默时，就像一只沉默的羔羊，反而会招来屠杀。我们变得过于为难，不敢大胆说出实情，同时牢记当我们大声说出真相时得到的反作用。他们会讥笑我们，认为这是个玩笑，且令我们难堪，觉得自己像个惹是生非者。因此，不分享与不告发成为我们的行为守则。息事宁人、不兴风作浪，这是强暴事件持续发生的原因。

女人必须平衡权利的天平。女人最脆弱的时候就是受到暴力行为和性虐待时。我们必须学习用正经、务实、认真而非易受伤害的态度处理所有的事件。我们不必成为发怒的母狗，对着每个男人吼叫，但是必须做个心中有爱和怜悯、能刚毅处理生活问题的女子。

我们必须建立自我价值，如此一来，才能勇敢地说“不”。必须睁开双眼、展开直觉观照我们隐伏的思考方式，它是让恶行蔓生的所在。从头述说真相的原委，拒绝容忍恶质的行为，伸出求援的双手，立刻制止恶行的发生。男人做了坏事而没有受到处罚的话，就会更加不安分，甚至变本加厉。必须一开始便制止所有虐待行为的发生，因为此时事态还不严重。马上为了这件事去拜访他。另外，要有心理准备他会以否认来对付你。男人已经利用这个掩护物很久了。“是我吗？我绝不会做那种事！我这辈子从没干过那种勾当！”

有些男人会以非常快速、流畅、熟练、专业的方式答复你的质问。如果女人接受男人的辩解，就等于和男人狼狈为奸了，变成了男人的同谋。不论何时，只要守着秘密，就会成为这个社会的一股破坏力量。因此，确实需要审视我们保守的秘密。女人一向小心翼翼地适应和滋养施虐者，此时此刻，是开始滋养自己的时候了。

我没有办法解决一切问题，但是我有一张大嘴巴。无论何时，我都能当众发表我对这个议题的看法。我到处鼓励女性朋友们，如果有必要的话，教育她们针对性骚扰问题，勇敢站出来，大胆说出来，并且做个指出弊端者。我们可以集体疗愈这一代受虐的伤痛，并且挽救我们的女儿，免于经历我们遭遇的过往。

我们需要开课，教导女人如何尊敬自己。需要开发一些渠道，为自己做好准备，以便发现自己遭到或即将遭到侵犯时，能有对应之策。就像学习火警警报训练——随时做好准备，应付自如。提高自我价值感、自爱、自尊是重要的，否则我们不会相信自己应该得到尊敬和保护。

重握指挥权

让我们学习建筑一道能量的栅栏——一面精神能量的盾牌，它可以让我们觉得自己受到保护。有个方法是想象自己在各种情境中，在家里、工作场所、各种社交活动中强化自己。审视你不尊敬自己或不给自己能力的生命领域，郑重宣誓断绝这种现象，开始创造心中的力量。想象在每种情况里，希望别人如何对待你。提出强化自己的肯定言辞，这将开启疗愈的过程，当我们痊愈后，自然会教导我们的女儿们。

借由读书和自我教育，我们可以得知，我们有许许多多的选择，而不只是勉强地“合作”而已。花时间排演你希望如何在每一种可能让你丢脸的情境中掌握指挥权。当我们拥有深思熟虑及计划缜密的行动方针后，就是有力量的女人了。真正知道我们的自我价值，同时了解我们不必做任何觉得不对劲的事，是非常重要的。

我们需要教导周遭的人如何对待我们——当我们觉得自己将受辱时，要勇敢地说“不”。我们有必要告诉男人：“如果你希望继续留在我们身边，就必须尊重我们。”他们必须学习的是友善地和我们交往，而不是性的邀约。结婚前一夜，如果新郎和新娘的女友或姊妹同床共枕，这种行径便羞辱了所有的女性。因为那是一种权力游戏，破坏了婚姻的承诺。

远离花花公子

女人不能再被花花公子迷惑。让我们机灵些，花花公子都是女人的掠夺者，他们侮辱女性。无论他们多么有钱或多么英俊，都对我们不忠。我们经常听到女人说："哦，他好可爱。"不过，这不能作为我们放弃抗拒的理由。我们不能再被喜欢与女人厮混的男人牵着鼻子走，他们只是花花公子而已。我们时常赞美他们以为酬谢，更让他们取走我们的贞操。我们应该尊敬品德优越的男人，而不是毁坏我们名誉的男人。看起来有趣的男人大概不会听从女性的话或体贴伴侣，更不会待在家里照顾小孩。

男人对女人的愤怒，往往源自母亲的欺骗，请不要喜欢或是嫁给一个恨母亲的男人，因为早晚他会把气出在你身上。如果他愿意接受治疗，思考模式可能会改变；如果不愿意，他会永远恨他母亲。只要女人沉默不语，虐待事件就会持续不断。这种态度会变成我们对自己、家庭、职场以及社会的一种暴行，而且削弱我们的生活及未来的能量。

如同先前提及的，我极为怜悯男人以及他们背负的重担。但这并不意味着我要包容强暴这种恶行。对于这个问题，我再也不会保持沉默了。这是我能为女人做的一点小事！

尊敬自己的肯定言辞

我是个有价值的人。

我一向尊重自己。

我是有能力的。

我支持其他女人。

我很容易为自己说话。

我值得拥有自己的生活界限。

我的生活界限是值得尊敬的。

无论何时，有必要的话我会兴师问罪。

我拥有很棒的支援人马。

我拥有完整的自我。

我的心胸越开放，我越有安全感。

我有极大的自我价值。

我有强大的能量。

我生命中的男人都会尊敬女性。

我重掌属于我的权力。

我爱自己，我尊敬自己。

第 8 章

银发也是一种美

唯有接受新观念，

才能转变衰老的进程为一种积极、健康、充满活力的经验。

我们过度重视青春期的文化了！现在是我们帮助年长的女性筑梦，并且在世上真正受到尊敬的时候了。我应该帮助你们明白，当女性年华渐渐老去时，她们将可以体验到自爱、自我价值、自尊，以及在社会上拥有权利的滋味。这么说并不是要打压年轻一代，而是以最积极的方式，真正获得两代之间的“平等”。

当我四处观察当前年长妇女的生命收成时，看到太多恐惧、健康不佳、贫穷、寂寞，以及“生命走下坡”的落寞感。我知道她们不必这样过日子。衰老是人生的必经之路，我们必须接受它。作为社会的一分子，我们相信所有的人都会经历老化、生病、衰老、虚弱以及死亡的过程。不过，对我们来说，这个历程不再是真理了。是的，我们终将死亡，但我们可以选择是否要经历生病、衰老和虚弱的过程。

现在是我们扬弃恐惧、挥别衰老的负面成分的时候了。我相信，我们生命的下半局会比上半局还要多姿多彩。如果愿意改变我们的想法，接受新的信念，可以让这一段时光变成此生的“珍藏岁月”。如果想要顺心如意地老去，必须清醒地选择这么做。我们不仅要增加我们的寿命，还应该期待富有、丰足的晚年。未来岁月像一面空白的石板，我们填写上去的内容，将使我们的人生有天壤之别。

迈向年龄新高

历史告诉我们，过去女性的寿命并不长，起初只有十五岁，接着三十岁，然后四十岁，在十九、二十世纪交替时，五十岁已被视为高寿。一九〇〇年，我们的平均寿命是四十七岁。现在，我们的平均寿命正向八十岁迈进。然而，为什么我们不能在意识上大步跳跃，接受一百二十岁或是一百五十岁的年龄新高呢？

这并非我们无法企及的美梦。我认为，在我们这一两代人中，长寿是大多数人正常且自然的发展。我相信，七十五岁将成为新的中年标界。几年前，某所大学针对衰老做了一项研究。研究人员发现，无论你认为中年从几岁开始，你的身体都会从那个时候开始衰老。你们也知道，身体会接受心灵的引导。因此，不要再把四十五岁或五十岁当作中年，此时此刻，我们可以断然决定七十五岁才是中年，我们的身体也很乐意接受这样的信念。我们可以重新思考如何看待不同的生命阶段。

位于北卡罗来纳州达勒姆市的人口统计研究中心曾经作出这样的结论：如果人类的衰老延续一九六〇年迄今的模式，理论上，寿命的极限将可以超过一百三十岁。一九六〇年的时候，全球只有三千五百名人瑞。到了一九九五年，全球约有五万四千名人瑞。他们是成长最快速的年龄组。研究发现，没有证据显示过去人类不能活到某些特殊年龄。他们还相信，最高龄的人很有可能是女性。

历代以来，我们根据自己在这星球上时间的长短，来告诉自己应该如何体察世事与应对进退。心理上，一如我们对于其他生命持有的看法，如果我们接受且相信自己会衰老，那么信则成真。现在正是我们改变这种信念的时候了。我知道，唯有接受新观念，我们才能转变衰老的过程为一种积极、健康、充满活力的经验。

新的进化期

此时此刻，我的年龄已迈向七十大关了，但我是个成功、强壮、健康的女人。许多方面，我觉得自己比三四十岁时还年轻，因为我不再感受到顺从某些社会标准的压力。我自由地做我想做的事，不再寻求他人赞同，不再在乎别人对我的蜚短流长。我昂首阔步地走着，因为不必背负过去那些重担了，而且发现我比以前更满意自己了，同侪的压力变得很不重要。换言之，在我的生命之中，我首度把自己的需要放在第一位，这一点让我感到非常愉快。

当我和许多女性朋友谈及人类寿命将大幅延长时，她们的反应是："哦，我不希望那几年里我又病又穷。"说也奇怪，当我们打开心门，接纳新的想法和可能性时，我们的心灵又会马上躲回限制性的思考里。其实，我们不必把未来的岁月和贫穷、生病、寂寞、病死在医院里画上等号。如果经常从亲朋好友身上看到这些生命现象，那也是我们过往的信念系统造成的。今天，我们思考和相信的东西，将会创造我们的明天。我们永远可以改变我们的信念系统，就像我们一度相信过地球是方的，但此时此刻，那对我们再也不是真理。

一如我先前说过的，生命像在浪潮中行进，我们在起伏间学习进化的经验与周期。此时此刻，我们正处于新的进化期间。那些生于一九四六至一九六四年的婴儿潮人口，正站在这一波意识发生戏剧性变化的最前线。今天，即将迈入晚春岁月的五十岁男女，比前人拥有更好的生命景况。当今，绝大多数婴儿潮出生的人，很容易活到九十岁。这种现象宛如我们拥有两个成年期。而且我们会发现，我们可以活多久并没有限制——完全取决于我们自己，以及我们能多快掌握和接受关于衰老的新观念。

打造新生活

我同意，当我们全体的寿命延长后，必须全面改造现行的社会结构、退休制度、保险制度以及身体保健的方式。这是我们必须做的。对我们来说，这是个巨变的时代。所以，不能一方面依循过往的模式生活，另一方面却期盼生活得到改善。此时此刻，新的思想、观念以及做事方式，才符合我们的需求。

事实上，连目前的住宅方式都已经放弃人类的本质和亲密性了。我认为，我们需要不同的建筑物和生活方式，有管理规则的集体住宅和养老山庄，会切断老年人的生命力。他们会呐喊："我的孩子和孙子到哪里去了？""我的快乐和欢笑到哪里去了？"我们需要更多的群居生活。需要让两个家庭独立生活，却又互相扶持的住房。我们可以兴建许多四楼公寓——两代人分住三四楼，而把一二楼出租以增加收入。这种做法可以让老年人和他们的子女密切连接在一起。孩子们可以让老年人朝气蓬勃，而老年人则可以教导孩子们生活的智慧和意义。回到数代同居或毗邻而居的大家庭制度，对于我们的社会将有莫大裨益。

最近几年，由于我的“年纪”使然，收到几封邀约我去住各种养老院以及“活跃老人之家”的信函。在他们提供的服务中，设在院内或附近的医学中心，是他们吸引顾客的主要诱因。他们使用的广告词不外乎“毗邻专业看护中心”“生活所需一应俱全”“二十四小时紧急医疗服务”以及“药物监督”等，其实想说的正是“如果你病了，我们会服侍你”这句话。我认为这种思考模式是要让老年人相信，他们“将会”生病。

我希望有人盖一所附带全功能健康中心的养老山庄，我们可以在里头寻得脊椎按摩疗法、针灸治疗、同种疗法、中药、养生药膳、按摩、瑜伽、健康俱乐部，等等，而不是传统的护士和医生。在这里人人可以期待过着健康、快乐的晚年生活。我确信，这样的设施很快就会高朋满座。不久的将来，我乐见这些老人之家的成立。

爱你的身体

我们创造出来的“崇拜青春”文化，加深了我们对自己身体的讨厌程度，更别提对皱纹的担心害怕了。当岁月的光华开始从我们身上褪色后，我们会目睹自己脸上和身体的种种变化。“选择”这种方式看待我们的身体，是多么糟糕啊！然而，它只是一个想法而已，想法是可以改变的。我们对自己身体和情绪的感知方式，其实是学习而来的。我希望每个人都抛弃这些虚妄的想法，开始喜爱和珍视他们高贵的自我，无论是内在还是外在的。

有些不喜欢自己的年轻女孩，往往会找理由嫌恶她们的身体，她们深信自己的身体有缺陷。由于广告加诸我们身上的强大压力，使我们相信自己身体的某个部位不够完美。我们会希望自己够瘦、发色够漂亮、身高够标准，希望自己的鼻子大一点或小一些、笑容更灿烂一点，我们的希望会一直加上去。因此年轻的时候，很少人会符合社会的审美标准。

随着年华老去，我们依然背负着这种自卑感。如同作家朵琳·芙秋（Doreen Virtue）指出的，我们找到许多方法，

“来把‘我们’的内在与‘他们’对我们外在的看法相提并论”。换言之，我们内在的感觉，是取决于别人对我们外在的看法。事实上，服饰、化妆或其他表面的东西，绝不可能疗愈我们自惭形秽的内化情绪。现在，使用肯定言辞改变我们意识与潜意识中的负面想法，像“我的模样很美丽”“我喜欢我的长相”等爱自己的陈述，这么做会帮助我们作出永久的改变。

恒久喜爱且欣赏自己，对我们的幸福是很重要的。如果你对自己身体的某个部位不满意，那么花一个月时间，持续不断地放进爱。一个字一个字地告诉你的身体你爱它，甚至可以为过往对它的恨，向它赔不是。这个练习听起来也许过分简单，但确实很有效。在生命的任何阶段里，爱我们的身体都是极重要的课题，当我们逐渐老去时，更是必需的。

卡罗尔·汉森（Carol Hansen）在她深具激励性的录音带《活出生命的光彩》（*Lighten Up*）中，要求每位女性听众一天花五分钟用乳液按摩身体，并且告诉身体所有的部位你爱它们，感谢它们对你的服务。《不老的身心》（*Ageless*

Body Timeless Mind）一书作者狄巴克 · 乔布拉（Deepak Chopra）博士则建议，沐浴前用芝麻油从头到脚按摩身体。天地万物之中，凡是被人喜爱的，都会用最好的一面来回应。你为自己营造的爱，现在也会陪在你身旁和你共度此生。过去，正因为我们学会了憎恨自己，所以无法学习爱自己。不过，只要有意愿，做一点练习就可以有所改变。

有时，为了产生新的想法和观念，必须先清除脑海中所有老旧的负面想法，正如我们需要定期清理生活中的垃圾一样。许多老年人持有一种“消沉”的生活态度——他们储藏及收存自己不再需要的东西。如果你的整间屋子塞满不再使用的东西，那么清理干净吧！将这些家用品送给无家可归或是真正需要的人，你可以举办一次拍卖会。进行一次生命的大扫除，丢开往昔的陈腐垃圾与回忆，给自己一个崭新的开始，向新生命迈进吧！

未来永远灿烂

正因为岁月的流逝并不意味着我们生命的品质必然走下坡路，我选择以不同方向观照我生命的变迁，而这些方向没有好坏之分。此时此刻，我的某些状况甚至比年轻时好。我的青春岁月充满了恐惧，现今我却信心满满。

我衷心相信，我们拥有的恐惧都是不必要的。恐惧是我们学习而来的，也是别人为我们安排好的。它不过是一种习惯性的思考模式，而这模式是可以改变的。许多女性的晚年装满了负面想法，致使她们活在不满意之中，直到离开人世。

我想要帮助你为晚春岁月建构一个完美的意识典范，好让你了解，这些时光可以成为你生命中最有价值的岁月。你要知道，无论年纪有多大，你的未来永远灿烂。往后的时光将是你的“珍藏岁月”。你可以做个“优秀长者”，你必须知道，无论你的年纪有多大，你都可以成为强壮、积极、有活力的社会中坚。当你静坐下来时，把你的注意力拉回内心世界。回想所有的欢乐时光，同时让身体感受这份喜悦。牢记当你做某些让你引以为傲的事时，你就是个胜利者，即使它们微不足道，你也是个胜利者。紧握喜乐与自信的感觉。此时此刻，让我们期待未来的十年。你看见自己在做什么？你看起来如何？你感觉如何？你满怀喜悦吗？现在，继续往下走二十年。你看见什么？你活泼、灵敏、对生命充满兴趣吗？你的身边有一群爱你的朋友吗？你所做的事情能满足你自己吗？你对生命做出了什么贡献？此时此刻，正是你去想象及创造未来的最佳时机。尽可能让你的未来健康、开朗且欢愉，这是你的一生，你正要享受它。

永远不要认为你老得不能做梦和拥有人生目标，梦和目标会让我们保持年轻、热爱生命。尽情地过好今天，忘却过往种种。

善用内在宝藏

事实上，我的人生一直到四十五岁左右才开始有意义。五十岁的时候，我开了一家规模不大的出版公司。第一年，我的利润是四十二美金。五十五岁的时候，我大胆进入电脑的世界，我被完全陌生的电脑吓着了，不过我选修了几堂课，从而克服了我的恐惧。今天，我有三部电脑，我经常带着我的笔记本电脑旅行。六十岁的时候，我拥有第一座花园。同时，我报名儿童美术班开始学画。现在我已经七十岁了，随着岁月流逝，我越来越有创造力，生活也更为富裕、丰足。我写稿、演讲、教课，不断地阅读与研究。我拥有一家非常成功的出版公司，成为一位专注于研究的有机园艺家，我的食物大部分是自己种的，我喜欢每个人和团体，我有许多爱我的朋友，我到世界各地旅行，我每个礼拜上一次美术班，我的生命的确变成了经验的宝库。

许多人就像我一样，此刻正要迈入老年人的阶层，因此，现在是我们以不同方式看待生命的时候了。你们不必像你们的父母亲一样度过晚年，而可以创造出一种崭新的生活方式。我们可以改变所有的规定。迈向未来的人生时，如果能懂得并善用内在宝藏，将有一片美好的前景等着我们。我们会确切明白，发生在身上的一切际遇，都是为了带给我们最高的善与最大的喜乐，衷心相信我们不可能走错路。

让我们学习对自己的生命做出巨大贡献，而不是看着它渐渐衰老、放弃希望乃至于死亡。我们有从容的时间、丰富的阅历以及珍贵的智慧，可以带我们进入充满爱和生命能量的世界。此时此刻，我们的社会正面临许多挑战。有许多全球自然界的问题与麻烦亟待我们正视。让我们留意有哪些地方需要我们投注心力，来挽救我们的星球。如果越来越长寿，必然有其中理由。我们打算怎样处理这额外的时间？如果只把时间用来“嬉乐玩耍”，很快就会感到厌烦。

规划晚年生活

如果你或亲戚朋友时常出入老年中心，那么谈谈你们如何团结起来改善社区的角落，而不要讨论你们的疾病。你能做些什么让每个人的生活更好呢？无论你的贡献多么微不足道，都会很有意义。如果所有的老人都能对社会有所贡献，就能够改善国家的未来。

如果散布于社会各个角落的女性能活跃起来，就可以见到我们的智慧流淌到各个年龄层，从而将国家改变成一个亲切有情的地方。因此，力劝你大步向前，利用你的声音，让全世界都知道，并且活出你自己！这个机会可以让你重新获得力量，并且留给你的子子孙孙一份引以为傲的遗产。

学校里老师们经常会问学生："你长大以后想做什么？"大人教导孩子们规划自己的未来。我们也有必要采取相同的态度，规划我们的晚年生活。当我们日益年老后，我们想做些什么？我想做个"优秀长者"，尽我所能贡献社会。社会行动团体的领袖玛吉·库恩（Maggie Kuhn）曾经说过："我想死在飞机上，那时手上提着公文包，刚完成一件工作。"

无论我们是十四岁、四十岁还是八十岁，我们都会逐渐衰老，朝着离开人世那一刻前进。我们的所为、所言、所思，都是为了下一步做准备。让我们在觉知中衰老、死亡。我们可以问自己一个好问题："我想要如何衰老？"环顾你的四周，留意那些晚景凄凉和老运亨通的女性。这两种女性的表现有什么截然不同的地方？在晚春的岁月里，你愿意努力成为健康、快乐及自我实现的女性吗？

紧接着的问题是："我想要何种死法？"我们花太多时间思考生命的其他领域，但是除了恐惧的时候，我们很少思考死亡的问题。无论你的父母亲如何过世，对你来说，离开人世都可以是个有建设性的经历。你要如何为身后事做准备呢？你想插着管子无助地病死在医院的床上？或者离开的那一天办一场午后派对招待朋友，然后进屋打个小盹从此长眠不起？我肯定会喜欢办一场舞会，我也正在为自己预做计划，以便能在欢乐中告别人世。如果此刻你的死亡图像是负面的，你永远可以改变它。我们每个人都可以让死亡成为平和、快乐的经历。

全世界的疗愈目标，便是觉察一个道理："在万丈红尘中经历的一切，就像一面明镜，可以反射出我们内心的能量模式。"所有疗愈过程中的重要一环便是，承认我们和宇宙生命的连接与贡献，而且开始把积极疗愈的生命能量投入这世界。在我们居住的世界里，许多人加紧扩充自己的能量，却不知道付出和分享的疗愈力量。疗愈是一种持续不断的过程，如果要等到我们"疗愈"之后，才肯与别人分享我们的爱，我们可能永远也没有机会这么做。

健康与活力再现

当我们发现许多老人做到大家认为他们做不到的事情后，那么，“哦，我太老了，做不来那件事”这样的话，将会完全过时。“太老”这个想法，可能变成临死前昙花一现的念头。事实上，我们没有理由不能精神饱满地过到最后几天。达拉斯一群年龄从六十二岁到八十岁的妇女，定期练习空手道。她们组成一个命名为“铁木兰”的空手道教学团体，到各个老年中心表演，证实空手道是适合高龄女性的运动。另外，这些妇女一旦受到攻击，也可以轻易保护自己。

还有一些年长的妇女团体，聚集起来投资股票市场。这些团体之中，有一部分做得相当出色。其中，伊利诺伊州有个团体还出版了一本《比尔兹镇妇女投资指南》（*The Beardstown Ladies Common Sense Investment Guide*）的书，这本书已经销售了三十万册以上。

最近，有项研究发现，参加举重训练计划的八十多岁和九十多岁老人，可以恢复身体的活力。他们可以恢复休止多年的肌肉控制。行动不便经常伴随着衰老而来，实际上它是经年不活动的结果。训练师们发现，运动不到两个月，一个九十岁高龄的人就可以增强三倍的力量，这项运动对智力也有刺激作用。

我们发现头脑不会自行衰退或死亡，除非停止使用它。只要我们用追求智力和运动来刺激自己，只要对生活保持兴趣，大脑就会灵敏如昔。当我们不再挑战自己的大脑时，生活确实变得单调乏味。从来不运动和只关心自己病痛的人，生活是多么狭隘啊！

制药公司几乎把所有关于老年人的疾病、疑难杂症以及我们需要什么药物等研究全部做完了。然而，我们有必要深入研究健康、快乐、满足且享受他们生活的老年人。我们对于什么“最适合”老年人研究得越多，越能知道如何经营有益健康的生活。不幸的是，制药公司并不赚健康人的钱，因此不可能提供这类研究。

无论我们的年龄有多大或者遇到哪些困扰，我们都可以开始做一些积极的改变。只要我们愿意开始去爱和珍惜自己，就能学会去爱。每天多爱自己一点，我们会更容易接受别人的爱。爱的守则是，必须把注意力放在我们真的想要而非不想要的事物上。集中注意力在爱自己上面，使用肯定言辞："此时此刻，我全然地喜爱我自己。"

当我们年老时，如果想得到别人的重视和尊敬，就必须打下基础，重视且尊敬生活周遭的长者。我们现在对待老年人的方式，就是日后我们会被对待的方式。我们不仅需要再次倾听长者的心声，也必须倾听对我们极重要的、年长女性最近浮现出来的声音。我们可以从她们身上学到许多宝贵的人生经验。这些女性充满了活力、智慧与知识。她们视生命为迈向觉醒之路，她们不断地成长而非渐渐地老去。无论你现在多么年轻，你或许会度过非常漫长的人生，现在正是你为喜乐、圆满的晚年生活做准备的时候。

有一种作出积极改变的好方法——使用肯定言辞。当我们所思所言都使用肯定言辞时，当我们谈论的都是"实践肯定言辞"时，意味着我们正作出积极声明：我们愿意改造心灵，接受新的生活方式。挑选可以使你强化为"优秀长者"的肯定言辞。每天花些时间说出你的肯定言辞，清晨说出你的第一个肯定言辞，就寝时则说出最后一个肯定言辞，以积极的口气开始和结束你的每一天。

“优秀长者”的肯定言辞

我拥有目前的完整生命。

我又年轻又漂亮——在每一个时期。

我用实现自我和造福人群来贡献社会。

我对我的财务、健康和未来有责任。

和我交往过的人都很尊敬我。

我尊敬且重视在我生命中的孩子和青少年。

我用活力和喜悦迎接我的每一天。

我尽情地享受每一天。

我晚上都睡得很香甜。

我每天都有不一样的新鲜想法。

我的生命是一次神圣的冒险活动。

我愿意接受生命提供的一切考验。

我的家人是我的支柱，我也是他们的支柱。

我不自我设限。

我敢滔滔而辩，我的意见可以传到社会领袖的耳朵里。

我会花时间和内在孩童玩耍。

我静坐冥想、静静地散步，并且享受大自然。

我享受独处的时光。

笑声是我生活中的一大部分，我不会压抑情绪。

我想出一些方法来改善这个星球，拟订计划付诸行动。

我要让我的生命悠扬悦耳。

我拥有全世界的时光。

我的晚年时光是我的珍藏岁月。

我的誓言

我享有每个逝去的年华。我的知识越来越丰富，我和我的智慧一直保持接触。我感觉到天使在引导我人生道路的每一步，我知道该如何过生活。我身体的每一刻都在更新，我是有活力的、活泼的、健康的、活跃的，我对于我的过去之日已尽了心力。我对于我的年岁处之泰然。我营造出我想要的人际关系，我创造出我需要的财富，我了解制胜之道。我的晚年时光是我的珍藏岁月，我会成为“优秀长者”。

此时此刻，我竭尽所能地经营我的生活，我知道我永远是爱、喜乐、宁静以及无限智慧的化身。

生命也必将如此！

第 9 章

增强理财能力

宇宙喜欢给予，我们能扩展意识，

接受宇宙容许我们富有的观念。

女人的一生中备受男人的保护。男人往往认为，不需要“用财务问题扰乱女人们漂亮的小脑袋”，父亲和丈夫会照管她们生活的一切所需。正因如此，女人一旦离婚或独居，便会引发财务问题。其实，用我们这颗漂亮的小脑袋去学习财务管理应该绰绰有余。因为在许多学校里，女孩们的数学成绩也常常领先男孩们。

今天，是女性学习更进一步储蓄与投资的时候了！我们绝对有能力胜任。每一位女性都必须拥有独立的经济能力，但是在家中或是学校里，很少人教我们如何理财，我们对于经济学一窍不通。传统的家庭里，男人掌管了经济大权，女人则负责照顾小孩与清洁事宜。事实上，许多女人比男人更有理财头脑，同样的，也有不少男人比女人更善于烹饪与清扫。主张经济大权属于男人，只是另一种让女人安分守己的方式而已。

许多女性一听到“理财”这两个字就害怕，因为这是一门新的学科。我倒认为，我们必须突破女人不懂理财的陈腐想法。我们经常抱怨不懂这个、不懂那个，事实上，我们比自己想象的聪明多了，我们可以学。我们需要选修课程、听教学录音带、读书以及创办研究团体。当我们学会更多有关投资理财的知识时，就不会如此害怕它。

加州有不少非营利团体提供免费的财政教育课程，以及消费者信贷顾问。大部分的学院和大学在夜间或周末，也提供推广教育课程。这些课程旨在帮助女性更善于理财与投资。这种做法带给女性朋友们更多自信。我确信在你居住的地区附近，也会找到相同课程。主动去寻找它们吧！

建立理财新观

所有的女性都需要懂得理财与投资。即使你是个快乐的已婚妇女，乐于做个家庭主妇，你爱你的孩子们……也有必要懂得这些事。否则，万一你的丈夫突然死亡或和你离婚，你必须独力抚养孩子时，该怎么办呢？如果女性没有接受这方面的训练，便会让自己陷入麻烦之境。尽可能学习这些学科，未雨绸缪，不管你用不用得上它，知识永远是力量。

即使从零头小钱开始存起，也可以朝着富有之路迈进。看着存款一天天增加，是一件很愉快的事。从储蓄开始进而投资。然后，你会成为金钱的主人，而不是金钱的仆人。现在，我会花些时间使用肯定言辞："我不断积累财富，不管到哪里，我都会致富。"我将这个肯定言辞当作我个人的守则，你也可以。它会帮助你改变对金钱的意识。我所说的都是我的经验之谈，因为我出身贫穷，十足的贫穷。在我大半生的岁月里，我一贫如洗。我不曾想过我会拥有财富，我感受到的都是贫穷。我之所以有今天，完全是出于意识的缘故，我说的意识是我对自我、生命和金钱等想法的改变。当我的想法改变了，我的意识和世界也随之改变了。

过去，我是个郁郁寡欢的小孩。金钱几乎不存在于我的世界里。童年时期，我们没有热水，做菜则是在一个木制的小炉上。冰箱是我不曾听闻的奢侈品。小时候，我的父亲在一项政府赞助的项目下工作，赚取微薄的薪水。我记得，当我终于在一家廉价商店得到一份工作时，是多么激动。不过，在那一段岁月里，我的意识逐渐扩展。我在一个商品展览室和一家餐厅工作；我做过所有卑贱的工作，因为我的意识相信那是我应得的，我花了很长一段时间才打破这些信念。当我的知识增长后，我开始了解宇宙的丰富。而对于我们这些想要拓展意识的人来说，宇宙的丰富是可以得到的。宇宙喜欢给予。过去，我们却是一群什么也收不到的人。除非我们能扩展意识，接受宇宙容许我们富有、我们应该富有、我们可以富有的观念，否则我们会一直处于贫乏的状态之中。唯有如此，我们才能允许宇宙给予我们财富。

审视你的金钱观

许多女性常说："我缺钱。""我需要钱。"可是，我们却竭尽所能地在自己周遭筑起一道道的墙，让金钱无法进入。最困难的讲习会，便是财富的讲习会。当人们对于财富的信念受到挑战时，他们会变得非常地恼怒。所以，最需要钱的女性通常都有最强烈的贫穷信念。当这些信念受到质疑时，她们便会暴跳如雷。事实上，任何人都可以改变自己的狭隘信念，但是改变越多，过程会越艰难，你也会更为恐惧而且有防御心。

别忘记制作一张清单——“我对金钱的看法”。列出你所有的信念，每一项你儿时听到的对于金钱、工作、收入以及财富的评论。同时，写下你对钱的感觉。你讨厌钱吗？它很肮脏吗？你身上有钱时，是否会把它揉成一团？你曾经充满爱意地跟一张十元钞票说话吗？当你得到数张十元钞票时，会心怀感激吗？你曾经感谢电话公司提供给你服务，而且相信你会付账吗？当你得到一笔钱时，你会心怀感激还是抱怨钱太少了？确实地审视你“对钱”与“用钱”的态度！你会为自己的发现大吃一惊。

当我第一次把钱带入我的生活，不至于三餐无继时，我对它怀有非常非常强烈的罪恶感。我试图捐掉或是胡乱花掉，好让我自己再度一文不名。拥有多余的钱和我早期的信念是如此格格不入，而这些信念是基于某种我必须摆脱的潜意识。我花了很长一段时间改变我的信念，我知道我应该赚取、享受和储存金钱。

我们必须了解，除非我们在意识中创造金钱进而拥有它，否则没有任何财物会进入我们的生活里。我们要把精神的捐款（肯定言辞）放入宇宙银行里。当我们储存足够的肯定言辞后，它们会以财富形式回到我们身边。不要觉得把好东西带进生活里有罪恶感。你已经得到了！不必再付出什么，你已经完成你的工作了，这是何以你会致富的原因。

制造财富意识

当你的收入开始增加，工作渐入佳境时，钱就会开始大量倾注，你已经在意识中赚到它了。你的新声明便是享有财富，因此，应该使用一则很好的肯定言辞："我已经赚到这东西。我应该拥有它，我已经拥有它了。"然后心存谢意与感激。一如我先前说过的，宇宙会爱一个懂得感激的人。

别浪费时间纳闷为何自己可以致富，别人却不行。我们都在自己的意识法则下运作。每个人一打开意识接受新的观念时，就有能力为生活创造美好事物。心灵的觉醒永远跟在我们身边，它完全由我们的意愿来决定。机会永远是唾手可得的，接不接受完全看我们自己。只要你这个学生准备好了，老师就会适时出现。

我相信，捐献十分之一的收入给自己，是非常有效的做法。捐献十分之一给自己，就是向宇宙说："我是有价值的，我值得拥有，我愿意接受。"我建议，每位妇女可以捐给自己收入的十分之一到五分之一。把它从薪水里扣除，这笔钱不是用来每天花用的，而是存起来，只用在购买房子或做生意等大笔的花费上，这么做可以避免你挪用这些收入。即使刚开始你只能存少量的金额，也要存起来，它的增加速度是相当惊人的。捐献十分之一给自己，就是爱自己的表现，这么做可以帮助你创造自我价值。

许多教堂希望你献金给上帝，并且经由捐款进入他们的教堂。不过，你就是上帝的一部分。你是万有的一部分。如果愿意的话，捐献十分之一的收入给你的精神源头，也一样捐献十分之一给自己，不要想等你赚更多钱的时候再来捐献。如果你还存有贫穷的想法，那么你永远也赚不到足够的钱去捐献。此时此刻，你必须在信念上大步跳跃，并将这笔钱从收入里扣除，即使你的银子还没入袋，然后你可以用剩余的总额编制预算。你会惊奇地发现，这项练习将为你的生活带来更多美好的事物。捐献十分之一的收入给自己，就好像制造一块吸钱的磁铁！

第 10 章

女人支持女人

我们必须努力加强女人之间的联系，
支持每个在成长道路上行进的女人。

对于许多女性来说，加入女性支持团体是绝佳的机会，因为它可以让大家透过许多练习，发现自己狭隘的观念，并且使用肯定言辞改变过时的信念、享受生命的神奇变化，同时和别人一起分享自己成长的历程。这种团体的进行程序可以提供女性神奇的力量，帮助她们改变。

你并不需要精通于组织某个女性支持的团体。不过，你有必要应用这些想法和原则在你的生活当中。你必须渴望与人分享信息，而且保持一颗开放的心倾听别人的谈话。对于领导者来说，领导团体是一种成长的历程，对于参与者亦然，因此，你可以预期你的某些能力将会受到激发。多么好啊！这是一个持续疗愈与成长的机会。请记住，爱自己和爱别人是我们在这星球上最重要的任务。

一个女性的支持团体，偶尔会聚集几位女性朋友，或许一周一次。这个团体的集会可以以本书的某些章节为基础，每一周你也许会想要讨论不同的章节。其他对你有用的资源是我撰写的另外几本书，包括《生命的重建》（*You Can Heal Your Life*）以及《生命旅程的回响》（*Life! Reflections Your Journey*）。

不要错用支持团体的力量，在团体里玩“谁最糟糕”的游戏。相反的，要把支持团体当作成长过程的踏脚石。抱持老旧的思考模式，以及比较谁这一周过得最糟糕是毫无益处的。你应该利用这个团体支持你作出正向的改变。

列出信念清单

最基本且最重要的练习之一就是，找出“你对某项信念的看法”。放几张最大张的纸在笔记本里，每张最上头都贴着“我对某项信念的看法”的标签。

· 男人
· 工作
· 女人
· 金钱
· 我自己
· 财富
· 人际关系
· 投资
· 承诺
· 健康
· 婚姻
· 衰老
· 家庭
· 死亡
· 孩子

这些信念是你赖以维生的内在、潜意识法则，除非你能认出自己持有的负面信念，否则无法在生活中作出积极改变。

当全部的信念清单大约完成后，从头到尾读一遍。把滋养且支持你的信念用“☆”号标记出来，这些信念是你应该维持和增强的。

把每一个负面且不利于你人生目标的信念打“×”。这些信念会让你退缩，不敢尝试你做得到的事。它们是你应该消除和改造的信念。你可能想增加更多的主题，你可能想花一个星期解决一个主题，给每个人一些时间讨论她们的信念清单。

营造互助空间

以下是给想要发起支持团体的女性的一些建议：

1. 营造一个深度分享的安全空间。进行方式包括：要求每个人保守秘密、分享自己的心路历程，并向大家说明“这个团体是卸下我们常戴面具的地方”。没有人可以拥有“完美无瑕”的人生。我们将在这个团体学习处理人生问题的新方法。聚会的场所可以是你的客厅、某间会议室或是教堂。

2.培养不批判、接纳的态度。别告诉任何人她们“应该”做什么。只要提供一些建议，帮助她们改变自己的想法和观点即可。如果别人感觉到你批评她们，便会立即出现抗拒的反应。

3.每次支持团体聚会之前，把注意力放在自己身上。使用“圣灵在每次聚会中，从头到尾指导我的想法、言语及行为”以及“当我领导这个团体时，我信赖内在的神圣智慧”这类肯定言辞。如果在团体聚会期间有某事引发质疑，马上深呼吸，想出一个正面的肯定言辞。

4.成立支持团体之初的建议：

· 要准时！

· 承诺参加所有的聚会，持续不断是很重要的。

· 专注地倾听，并且重视每位女性朋友的分享。

· 别人说话时，切莫插话。

·要求每位参与者不能泄露小组讨论的话题。当参与者和别人分享心事时，让她们觉得有安全感是很重要的。

·把注意力放在问题上面，而不是整个“故事情节”。

·用“我”作为陈述主语，如“我觉得……”而非“他们使我……”

5. 让每个参与者都有分享的时间。如果这个团体很庞大，你可以把参与者分成五六个人一组的小组，做练习或是进行经验的分享。

6. 关照特异分子。偶尔团体中会有一些爱讲话或喜欢捣蛋的分子。你必须知道，她们想要支配小团体，是出于她们害怕自己不够好，或是得不到足够关注的缘故。最好能在散会之后，单独和这位女士谈一谈。你可以用关怀的方式告诉她：“我很欣赏你愿意和团体分享这么多经验。我担心的是，其他缺乏自信的人，可能觉得羞怯。下星期你能不能故意先让别人发言，让她们分享自己的经验？谢谢你。”找一些对你有益的差事，请这位女士帮你做。

7. 练习是最重要的觉察方法。每次团体聚会中，提供照镜子练习、内在孩童的静坐冥想、“应该”等练习。

8. 要有弹性。在团体的活动过程中，你永远不会完成所有已经计划好的事。既然事情经常会发生，学习信赖其中的过程，上帝的正义将会不断涌现。

9. 时常检验自己及觉察反应。如果开始觉得焦虑或是有无力感，深呼吸一下，放轻松，然后静默地说出一个正面的肯定言辞。

10. 不要和坚持己见的人争辩。不要为了别人戏剧化的过往而伤感。身为团体的领导者，你必须深切明白，无论外在环境如何，每个人都会疗愈的。真理是：心灵远比疾病、经济危机或是人际关系的问题更具影响力。

11. 培养幽默感。开怀大笑是获得不同观点的奇妙方法。

12. 帮助团员释放情绪。参加支持团体的女性，往往有某些非常深刻的情绪，她们需要表达和释放这些情绪。如果你想帮助她们释放这些情绪，必须能掌握她们悲伤、生气和狂怒的表情。如果你发现自己害怕这些深刻的情感，也许应该找一位信赖的心理治疗师，请他帮助你探索你的恐惧。

13. **肯定自己**。每一次团体聚会后，走到镜子前面，告诉你自己做得有多棒，尤其是最近才开始领导团体的你，更需要给自己鼓励。

14. **用静坐冥想或是集中注意力的方法，开始或结束聚会**。这个过程可以很简单，只要让每位参与者闭上眼睛，呼吸一会儿即可。我喜欢让每位参与者手牵着手，要求她们感觉邻座伙伴手中的活力。然后我会提醒她们，房间的每个人都想得到相同的东西，她们都想拥有健康、财富，都想爱别人和被爱，并以充分发挥自己才能的方式表现创造力。在聚会即将结束的冥想期间，我会提醒她们：我们每个人，包括我自己，已经学会一些改善生活品质的观念。一切都是美好的，我们是安全的。

15. **与团员的活力共同脉动**。每个团体都是不同的，每次聚会也是不同的。学习随着当前的团体和聚会的活力而流动。

16. **准备聚会用品**。每次聚会时，你会需要：

· 一台可以播放冥想录音和音乐的收录音机或音响。

· 一面有把手的镜子或是一面全身镜。

· 纸和笔。

· 几盒面纸。

· 蜡烛或薰香台（任选），营造一种庄严的气氛。

17. 携带聚会日记。要求参与者每次聚会都要携带一本用来书写的日记，以及一面镜子。她们也可以带一个坐下来或冥想时可以使用的靠垫和一个可以紧抱的填充玩具。

后记

我们都认为，生活中有许多的麻烦和挫折。然而，所有的问题都可以归类到四种范畴之下：爱、健康、财富以及自我表现。正因为如此，尽管人生的风浪看起来令人不胜重负，但我们只需要清理四个领域的问题即可。其中，爱是最重要的。如果爱自己就很容易爱别人，而别人也会爱我们。这种良性循环将会改善我们的人际关系以及工作状态。爱自己是健康的要素，对自我的爱和生命的爱，可以把我们和宇宙的财富连接在一起。爱自己会激发自我表现，同时让我们以充分发挥自我的方式，表现我们的创造力。

我们都是拓荒者

我个人觉得，每位女性都是拓荒者。早期开疆辟土的女性们开风气之先，她们冒险犯难，和寂寞、恐惧打交道。她们过着贫穷困顿的生活，必须建造自己的庇护所，还要搜寻食物。即使结婚了，她们的男人经常一出门就好几天，女人必须照料自己和孩子们。她们必须找寻自己的生活资源，奠定了国家的建设基础。如果没有这些勇敢的女人，男人们无法拥有今天的地位和成就。

今天，你和我就像女性拓荒者。我们有难以置信的机会可以实现自我，并且促进两性之间的平等。我们应该在生长的地方绽放光彩，让所有的女性过上更好的生活。如果生命本质正推动着女人追求更高层次的成就与自由，那它必然有这么做的理由。我们必须找出如何利用这种进化周期的方法。我们需要新的生活地图。我们的社会正朝着未知的深海前进。我们正要开始学习我们有能力完成的各类事务。因此，抓紧你的指南针跟我们来，我们都有许多要学、要付出的事。我们可以成为我们生命地图的绘制者和领航者，无论我们来自社会的哪个角落。

我们孤单地来到人世，也会孤单地离去。我们必须选择如何填满生死之间的空白。我们的创造力或潜力是无可限量的，应该发挥我们的潜能，寻求生命的喜乐。在成长的过程中，许多女性认为她们没有能力照顾自己。因此，知道我们有能力照顾自己是很棒的感觉。我们有必要经常告诉自己："无论发生什么事，我知道我有能力处理。"

空前的生命盛况

从情绪的成熟面来看，女性正站在生命进化期的最高点。此时此刻，我们的盛况是前所未有的。对我们来说，这是塑造我们命运的理想时期。此刻，我们的成长将为世界各地的妇女树立新的规范。生命里有许多可能性不是现在所能想象或经历的。此时此刻，我们所拥有的机会绝非以往的妇女可以企及的。现在，正是我们结合其他女性，改善所有女人生活的时刻了。这么做将会产生良性循环，连带地改善男人的生活。当女性获得自我实现、满足与快乐时，她们也会成为很棒的另一半——可以一同工作、一同生活的绝佳对象，而男人也会觉得跟旗鼓相当的妻子在一起非常舒服。

我们必须努力加强女人之间的联系，支持每个在成长道路上行进的女人。现在，我们没有时间和别的女人玩争夺男人的古老游戏。女性将要成为自己。我们应该学习所有我们可以做的事，如此才能把我们的力量和动力传给子子孙孙。以后的女人永远不必经历所有我们曾经遭遇过的贬抑与虐待，以及我们的母亲、祖母和她们的祖母所忍受的一切。我们可以一起努力，让女人活出自己，实现这个不曾有过的自由和对这项权利的主张。

爱你自己，也爱你的生命!

你的内在是个聪明、有力量、有才华、自信、活泼、灵敏、质感极佳的女人。让她出来玩耍，这个世界正等着你的到来!